菜鸟7步学会数据分析

张军翔　等编著

兵器工业出版社

内容简介

本书以Boss、小强、王哥之间的任务布置、任务交流、任务解决为主线，讲解数据分析的基本工作。全书共分7章，层层深入，分别讲解数据分析的必备知识，包括数据分析意图、数据准备、数据处理、数据分析、数据展现、图表美化、体现职场价值7个部分，让读者跟随小强一起由菜鸟级别提升为真正的数据分析师。

故事性、趣味性、知识性相统一，是本书的一大亮点。在追求形式活泼的同时，本书同样讲究内容的丰富和充实。阅读本书时把握数据分析知识要点，在潜移默化的语境中培养数据分析的思维能力，小强将成为读者学习数据分析道路上的伙伴。

本书适合数据分析人员，也可作为职场新人的参考。

图书在版编目（CIP）数据

菜鸟7步学会数据分析 / 张军翔 等编著. -- 北京：兵器工业出版社， 2012.7

ISBN 978-7-80248-754-3

Ⅰ. ①菜… Ⅱ. ①张… Ⅲ. ①统计数据－统计分析 Ⅳ. ①O212.1

中国版本图书馆CIP数据核字(2012)第122922号

出版发行：兵器工业出版社	责任编辑：王 强 李 萌
发行电话：010-68962596，68962591	封面设计：深度文化
邮　　编：100089	责任校对：刘 伟
社　　址：北京市海淀区车道沟10号	责任印制：王京华
经　　销：各地新华书店	开　　本：787mm×1092mm 1/16
印　　刷：北京广益印刷有限公司	印　　张：15.5
版　　次：2012年7月第1版第1次印刷	字　　数：270千字
印　　数：1-4 000	定　　价：42.00元

前 言

如果读者以数据分析菜鸟的身份翻开这本书，那么必定带着困惑：什么是数据分析？如何做好数据分析？数据分析有那么难吗？客观地说，数据分析工作很烦琐，不仅要具备一定的统计学知识，而且要熟练运用Excel、SPSS、CAS等分析工具，在真正实践中还会遇到各类具体问题，这些都给新入职场的菜鸟带来不少烦恼。

市面上关于数据分析的书籍为数不少，但专业化的门槛几乎让所有菜鸟望尘莫及，而且没有真正将数据分析融入实际工作环境中去讲解，所选案例大部分来自科研一线，使菜鸟们如睹天书，望而却步。

本书立足职场环境，以职场中使用最为普及的Excel数据分析工具为例，配以趣味性的故事，展开一名职场新手从数据分析菜鸟进阶到数据分析师的提升过程。本书从简单的数据分析定义开始，到最终体现职场价值，以循循善诱的方式带领读者进入数据分析的王国遨游。

在读这本书之前，我们需要明确3个问题。

1. 读这本书有何目的？

你将成为数据收集专家，告别菜鸟的尴尬。

你将成为数据处理专家，玩转数据不用愁。

你将成为图表修饰专家，做个图表美容师。

你将成为数据分析专家，体现你职场价值。

2. 这本书有何不同?

一种全新的阅读体验，阅读小说也能学到数据分析。

提供翔实的数据案例，身临其境把握数据分析技巧。

打造数据分析金字塔，指引你攀上数据分析的高峰。

3. 谁是这本书的真正读者?

入职菜鸟：从零起步照样能玩转数据分析报告。

职场白领：优秀的数据分析报告让你脱颖而出。

培训老师：善用故事打动别人的数据分析老师。

学生朋友：步入社会即体会到数据分析的力量。

本书从策划到出版，倾注了出版社编辑们的心血，特在此表示衷心地感谢!

本书是由诺立文化策划，主要由张军翔编写。除此之外，参与本书编写的还有陈媛、陶婷婷、汪洋慧、彭志霞、彭丽、管文蔚、马立涛、张万红、陈伟、郭本兵、童飞、陈才喜、杨进晋、姜皓、曹正松、吴祖珍、陈超、张铁军，在此对他们表示深深的谢意!

尽管作者对书中的案例精益求精，但疏漏之处仍然在所难免。如果您发现书中的错误或某个案例有更好的解决方案，敬请登录售后服务网址向作者反馈。我们将尽快回复，且在本书再次印刷时予以修正。

再次感谢您的支持!

编著者

CONTENTS 目录

第3章 我行我素——数据处理

第4章 好马配好鞍——数据分析

第5章 展露你的才华——数据展现

第6章 女为悦己者容——图表可以更美

第7章 好马无需伯乐——体现你的职场价值

序：数据分析那些事

人物及背景介绍：

Boss：从老板的角度下达需要完成的数据分析意图，将数据分析意图布置给“小强”，并最终对“小强”的数据分析报表提出评价和中肯的意见。

小强：公司新人，也是数据分析“菜鸟”，面对Boss交待的任务一筹莫展，只能向“王哥”求救。根据“王哥”的指点，加上“小强”有一颗不断向上学习的心，最终向Boss提交了一份相当满意的数据报表。

王哥：公司真正的数据分析专家，虽然年龄不大，但是复杂的数据经他分析与处理就能变成一份精美、清晰的数据报表，是“小强”最为崇拜的偶像，也是努力的目标。

当小强进入公司工作两个星期以后，在他的入职血泪史中证明了一个道理：小强并不是打不死的，小强也会有害怕数据的困扰。和很多拿数据没辙的菜鸟一样，小强认为自己和数据分析大师王哥之间的差距犹如一个地下，一个天上。

更让他感到压力重如泰山的是，“吸血鬼Boss”竟然在他刚一上班的时候就吩咐下来一连串的数据分析任务。

分析数据，制作数据分析报表？这些对于小强来说完全是陌生的领域，所以他选择了求助，许多智力问答节目中不都有求助选项吗，于是小强来到了王哥的办公室……

1. 什么是数据分析

小强：王哥您在这个公司应该干了很长时间了吧，老板让我把这个月的销售数据分析表给做出来，可是我一个刚入职的压根儿就是个数据菜鸟……

王哥一眼就看出了小强的难处：不要那么没自信嘛，我就是从菜鸟级别一路摸爬滚打成长起来的。我来教你数据分析吧！

从专业角度来说，数据分析是指用适当的统计方法对收集来的大量第一手资料和第二手资料进行分析，让数据直观地说明问题，以求最大化地开发数据资料的功能，发挥数据的作用（图序-1）。

行标签	值 求和项：毛利	求和项：利润率	求和项：销售数量	求和项：销售单价	求和项：销售员奖金
AABC	**1739.2**	**0.317013598**	**13**	**1656**	**173.92**
男式毛衣	1739.2	0.317013598	13	1656	173.92
AABD	**649.2**	**0.267138507**	**9**	**1128**	**64.92**
女式毛衣	649.2	0.267138507	9	1128	64.92
AABE	**634.2**	**0.306643458**	**6**	**1062**	**63.42**
外贸女装（上）	634.2	0.306643458	6	1062	63.42
AABG	**2038.5**	**0.351132547**	**23**	**2016**	**366.93**
外贸女装（下）	2038.5	0.351132547	23	2016	366.93
AABH	**956**	**0.36460717**	**14**	**760**	**95.6**
男式衬衫	956	0.36460717	14	760	95.6
AABL	**1665.8**	**0.302828679**	**15**	**1528**	**166.58**
男式裤子	1665.8	0.302828679	15	1528	166.58
AABN	**1499**	**0.31880051**	**17**	**1096**	**149.9**
女式连衣裙	1499	0.31880051	17	1096	149.9
AABQ	**2070**	**0.375**	**11**	**1008**	**372.6**
女式针织衫	2070	0.375	11	1008	372.6
AAWE	**664**	**0.322643343**	**6**	**647**	**66.4**
春夏女童（下）	664	0.322643343	6	647	66.4
AAWH	**283.5**	**0.296083551**	**6**	**444**	**28.35**
秋冬男童（上）	283.5	0.296083551	6	444	28.35
总计	**12199.4**	**0.328378698**	**120**	**11345**	**2195.892**

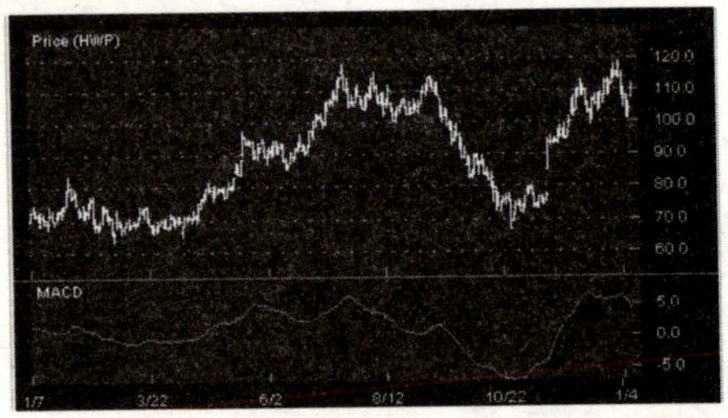

图序-1

数据分析也是为了提取有用信息和形成结论而对数据加以详细研究和概括总结的过程。数据也称观测值，是实验、测量、观察、调查等的结果，常以数量的形式给出。

小强：太过于概念化了吧？能不能说得通俗易懂些呢？

王哥：说得简单易懂一些，数据分析就是把杂乱无序的数据变成易懂有用的信息。就好像刚刚我所说的一大段话给你的感觉一样，太过于复杂了就得需要简化和精炼。数据分析就是对数据的精炼和提纯。

说着说着，就扯到数据分析的目的上面去了，我们把杂乱的数据提纯精炼整合到一起以后，就得找出所研究对象的内在规律。

在实际应用中，数据分析可帮助人们进行判断，以便采取适当行动（图序-2）。

图序-2

2. 数据分析的方法有哪些？

小强： 那么当我们面临着一大串的数据时，要怎么进行分析呢？

王哥： 数据分析主要分为两种方法：列表法和作图法。

列表法是指将实验数据按一定规律用列表方式表达出来是记录和处理实验数据最常用的方法。表格的设计要求对应关系清楚、简单明了、有利于发现相关量之间的物理关系。

此外还要求在标题栏中注明名称、符号、数量级和单位等；根据需要还可以列出除原始数据以外的计算栏目和统计栏目等。最后还要求写明表格名称、如果是实地测量的话还得写上主要测量仪器的型号、量程和准确度等级、有关环境条件参数如温度、湿度等。

作图法可以最醒目地表达物理量间的变化关系（图序-3）。从图线上还可以简便求出实验需要的某些结果（如直线的斜率和截距值等），读出没有进行观测的对应点（内插法），或在一定条件下从图线的延伸部分读到测量范围以外的对应点（外推法）。

此外，还可以把某些复杂的函数关系，通过一定的变换用直线图表示出来。

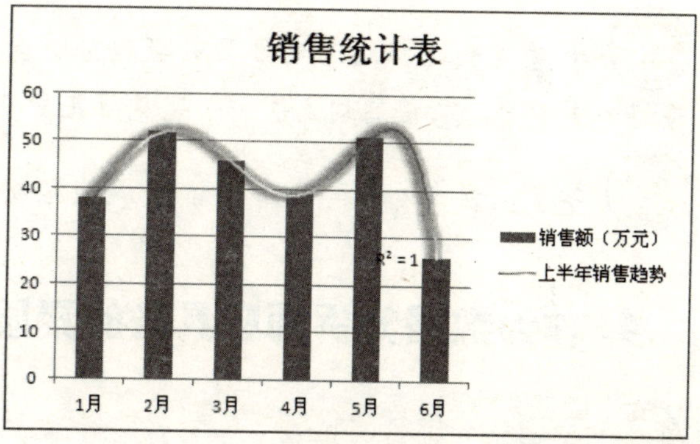

图序-3

3. 数据分析的重要性

有人类活动的地方就会产生或多或少的数据。怎么有效地处理和利用数据，成为了当前社会人类所必须掌握的一项技能。

从简单的超市零售算钱到高深的宇宙探索研究，都需要处理大大小小的数据资料。你想成为老板的得力助手，左膀右臂？那么就得掌握数据分析！

小强： 有您说的那么可怕么？不会数据分析难道我还会丢了工作？

王哥： 还真不一定，现代社会一切以数据说话！就比如说现在大老板让你帮他做的销售分析表，试想一下如果你把表格做得一塌糊涂，他会让你接下来的日子好过么？相反的是，如果你把数据分析报告拟写得很完美，大boss不说给你点奖金，最起码对你的印象也会好很多。

想在公司里面升职加薪，表现良好，数据分析必须得会！那是老板考核你的关键所在。

还有，如果你不会数据分析的话，面对着海量的数据你只能一个人抓耳挠腮痛苦万分地在那边皱眉头，耗费时间不说，完成的工作质量也很低。想要快速解决日常工作，必须学会数据分析，那是你提高效率的制胜法宝。

最后你想一下，面对着一件事情，是靠大量的数据分析之后得来的结果比较靠谱一点，还是根据你的经验判断出来的结果比较靠谱呢？

小强： 我还真没想到区区的数据分析竟然会这么重要！看来我是得好好去学习，从菜鸟到高手……究竟得花费多少工夫才能学会呢？

王哥： 在我看来，菜鸟只需7步就能完成数据分析！

4. 作为数据分析师应具备的素质

小强： 从数据分析的菜鸟到精通只需要7步？王哥你一定是在开玩笑。

王哥： 我说的都是真的，不过接下来你还得慢慢地在日常工作实践中去操作体会这7步。目前所需要做的就是将你领入门，告诉你一位优秀的数据分析师应具备哪些素质。

真正的数据分析精英是需要在不断的工作中磨砺、蜕变的。一位优秀的数据分析师应该具有5方面素质（图序-4）。

➔ 客观的态度

很多人在判断一件事情的成败好坏时，趋向于主观臆想。他们总是以自己的丰富经验来确定应该研究的方向。一位优秀的数据分析师，不论他处理的事情有多么的简单，多么容易看穿，都不会凭主观草率进行判断。强有力的数据才是说明一切的证据。保持一种中立的立场，以客观的态度去审视数据传达的信息，是数据分析人员必不可少的素质（图序-5）。

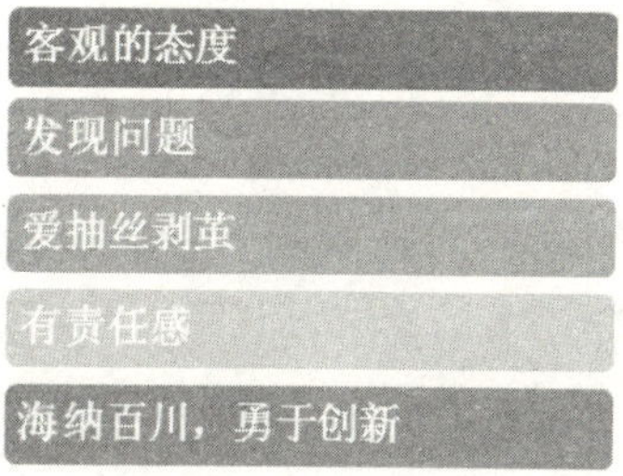

图序-4

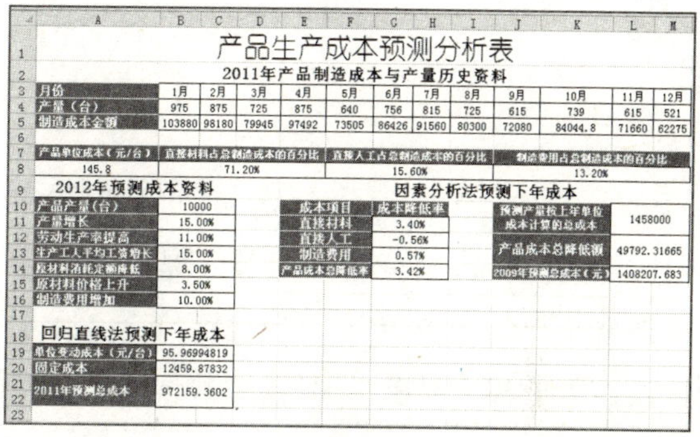

产品生产成本预测分析表

2011年产品制造成本与产量历史资料

月份	1月	2月	3月	4月	5月	6月	7月	8月	9月	10月	11月	12月
产量（台）	975	875	725	875	640	756	815	725	615	739	615	521
制造成本金额	103880	98180	79945	97492	73505	86426	91560	80300	72080	84044.8	71660	62275

产品单位成本（元/台）	直接材料占总制造成本的百分比	直接人工占总制造成本的百分比	制造费用占总制造成本的百分比
145.8	71.20%	15.60%	13.20%

2012年预测成本资料

产品产量（台）	10000
产量增长	15.00%
劳动生产率提高	11.00%
生产工人平均工资增长	15.00%
原材料消耗定额降低	8.00%
原材料价格上升	3.50%
制造费用增加	10.00%

因素分析法预测下年成本

成本项目	成本降低率
直接材料	3.40%
直接人工	-0.56%
制造费用	0.57%
产品成本总降低率	3.42%

预测产量按上年单位成本计算的总成本	1458000
产品成本总降低额	49792.31665
2009年预测总成本（元）	1408207.683

回归直线法预测下年成本

单位变动成本（元/台）	95.96994819
固定成本	12459.87832
2011年预测总成本	972159.3602

图序-5

➔ 发现问题

解决问题的前提是能够发现问题，如果你没有一颗喜欢提问的头脑的话，根本不可能做数据分析。当你面对着海量的数据时，是否会立刻在脑海中闪现：这些数据究竟呈现出了怎样的规律，这些规律代表了什么样的变化，而这些变化又会导致什么样的结果等问题。有了这些提问，才能继续研究数据找到规律，进行下一步更加科学可靠的分析。所以，在数据分析中这项素质必不可少。

➔ 爱抽丝剥茧

找到了问题之后呢，不是说简简单单地处理一下就可以了，要打破砂锅问到底！很多时候一些事情的真正原因根本不像表面显现出的那么简单，在简单明了的外衣伪装下隐藏着的才是事物的本质。

一位优秀的数据分析师通常都能够依靠着强大的逻辑思考能力，鞭辟入里地将问题的外衣层层剥去，使其露出本质原因。因此强大的逻辑思考力以及对于数据表现出来的蛛丝马迹进行抽丝剥茧的能力也很重要。

➜ 有责任感

领导基于信任，所以把数据分析的任务交给你去做。那么你就得有一个严谨负责的态度，找出公司日常数据中所暴露出来的问题，继而清晰地诊断分析出来（图 序-6）。

	A	B	C	D	E	F
1	销售员	第一季度销售量	第二季度销售量	第三季度销售量	第四季度销售量	总销售量
2	王涛	142	130	137	141	550
3						
4	周国菊	130	138	134	140	542
5						
6	徐莹	128	140	147	143	558
7	杨荣威	124	137	136	143	540
8	陶丽	184	252	250	50	736
9						
10	葛丽	280	120	500	128	1028
11	唐留云	128	170	520	120	938
12	王荣	200	380	128	200	908
13						
14	陈亚媛	200	388	180	260	1028

	A	B	C	D	E	F
1	销售员	第一季度销售量	第二季度销售量	第三季度销售量	第四季度销售量	总销售量
2	王涛	142	130	137	141	550
3	周国菊	130	138	134	140	542
4	徐莹	128	140	147	143	558
5	杨荣威	124	137	136	143	540
6	陶丽	184	252	250	50	736
7	葛丽	280	120	500	128	1028
8	唐留云	128	170	520	120	938
9	王荣	200	380	128	200	908
10	陈亚媛	200	388	180	260	1028

图序-6

可以说，数据分析人员等于是一个企业的检察官。应具有严谨、负责的态度，保持中立立场，客观评价企业发展过程中存在的问题，为决策层提供有效的参考依据；不应受其他因素影响而更改数据，隐瞒企业存在的问题。

➜ 海纳百川，勇于创新

牛顿曾经说过：我之所以能看得更高更远，是因为我站在了巨人的肩膀上。当然他说的“巨人”不是指真正的种族，而是指前辈的研究成果。这或许是他自谦的话语，但同时也向我们传达了另外一个意思就是：要多学习借鉴前辈的经验，这样才能少走弯路，总结出更好的理论结果。

除了具备上述5方面素质之外，还要记住一句话：一直在模仿，时刻去创新，不断地超越！

“前车之鉴”能帮助数据分析人员更好地总结经验教训，避免不必要的弯路，模仿是快速提高学习成果的有效方法，但并不是说直接“照搬”。我们学习的是前辈们的精髓，理解其分析原理，透过表面达到实质。万变不离其宗，要善于将这些精华转化为自己的知识。

在总结理解前人的经验精髓基础上，又能从精髓理论中发现可以改进的地方，甚至是发现独属于自己的一套经验规律，那么正在做的事情就是在创新和超越。

5. 菜鸟应了解的常用数据分析指标和术语

小强： 果然是哪一行都不容易，要想在数据分析方面做出成绩的话，看来我还有很长的一段路要走呢！

王哥： 对，我看你还先得从基础学起。入门时，有一部分知识需要完全掌握——数据分析的指标和术语！

小强： 指标和术语？不就是什么平均数啦百分比之类的嘛，我上小学、初中的时候就学习过了，这还用得着说？

王哥： 菜鸟们都会像你这么说！这其中的讲究可大了，先从平均数说起吧！

➔ 平均数

王哥： 平时我们口中说到的平均数大部分都是指算术平均数，就是把许多项数据加起来，然后求这些项数字的平均数值是多少（图序-7）。

平均数是综合指标，它的特点是将总体内各单位的数量差异抽象化，代表总体的一般水平，掩盖了总体内各单位的差异。

$$\bar{x} = \frac{x_1 f_1 + x_2 f_2 + \cdots + x_k f_k}{n}$$

图序-7

当然平均数的种类肯定不止这一种，除了算术平均数以外，还包括几何平均数、调和平均数、加权平均数、平方平均数、指数平均数等类型。

小强： 还有这么多种类的平均数？看来我有的学了……

➔ 绝对数与相对数

王哥： 统计中常用的总量指标就是绝对数。它是反映客观现象总体在一定时间、地点条件下的总规模、总水平的综合指标。例如，一定总体范围内粮食总产量、工农业总产值、企业单位数等。

总量指标也可以表现为某现象总体在一定时空条件下数量增减变化的绝对数。例如，某地区2011年比2010年国内生产总值增加100万元，耕地面积减少1000hm^{2}等也属于总量指标。

小强：这是绝对数，那么相对数的概念呢？是不是与绝对数相反呢？

王哥：相对指标就是相对数。它是由两个有联系的指标对比产生的，是用以反映客观现象之间数量联系程度的综合指标，其数值表现为相对数。

而相对数又分为结构相对数、比例相对数、比较相对数、强度相对数等类型。

百分比与百分点

王哥：百分比和百分点你应该知道吧，但是其之间的区别未必会很清楚。

百分比表示一个数是另一个数的百分之几的数，叫百分数。百分数也叫做百分率或百分比。百分数通常不写成分数的形式，而采用符号“%”（百分号）来表示，如图序-8所示。

资产类数据清单			负债权益类数据清单		
项目	金额	百分比	项目	金额	百分比
货币资金	116530.00	225.18%	短期借款	0.00	0.00%
应收票据	16800.00	45.41%	应付票据	30000.00	71.43%
应收账款	53000.00	91.22%	应付工资	28000.00	0.00%
减:坏帐准备	450.00	40.91%	应付福利费	2020.00	0.00%
其他应收款	300.00	27.27%	应付账款	133500.00	538.31%
存货	356500.00	155.00%	应付股利	26000.00	126.83%
待摊费用	900.00	6.00%	应交税金	9099.30	26.68%
固定资产原值	0.00	0.00%	其他应付款	0.00	0.00%
减:累计折旧	2000.00	3.52%	预提费用	3400.00	170.00%
待处理财产损	300.00	28.57%	实收资本	0.00	0.00%
			资本公积	0.00	0.00%
			盈余公积	51000.70	159.38%
			未分配利润	421500.00	702.50%

图序-8

百分点是指不同时期以百分数形式表示的相对指标（如：速度、指数、构成等）的变动幅度。例如： 我国国内生产总值中，第一产业占的比重由

2010年的20.8%下降到2011年的18.2%。从上述资料中，我们可以说：我国国内生产总值中，第一产业占的比重，2011年比2010年下降2.6个百分点；但不能说下降2.6%。

小强： 下降了几个百分点……原来是这样，终于明白了这二者的区别！

➔ 频数与频率

王哥： 下面来说说频数与频率的概念和区别：

频率，是单位时间内完成振动的次数，是描述振动物体往复运动频繁程度的量。当然也可以把这个概念进行拓展，可以描绘某种物体在一定时间内出现的次数等。

频数也称次数。在一组依大小顺序排列的测量值中，当按一定的组距将其分组时出现在各组内的测量值的数目，即落在各类别（分组）中的数据个数。频率是每组类别次数与总次数的比值，它代表某类别在总体中出现的频繁程度，一般采用百分数表示，所有组的频率加总等于100%。

小强： 从概念上来理解太抽象了，能不能举个具体的实例来加以对比？

王哥： 比如说经过实地考察，在一片杉树与杨树混合的森林里面平均每10m^{2}的土地范围内出现杨树的棵树为6，出现杉树的棵树为4。那么我们就可以说这座森林里面每10m^{2}的土地范围出现杨树的频数为6，出现杉树的频数为4（图序-9）。

而频率的话，就需要计算百分比了。经过计算可以这样说：该森林里面每10m^{2}的范围内出现杨树的频率为60%，出现杉树的频率为40%（图序-10）。

小强： 似乎有点懂了，频数就是指规定物体单位出现的个数，而频率则是指规定物体在单位出现的个数比例……

王哥：完全正确！

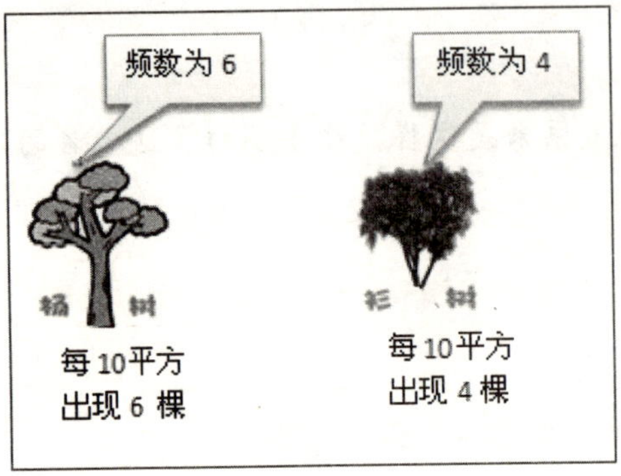

图序-9

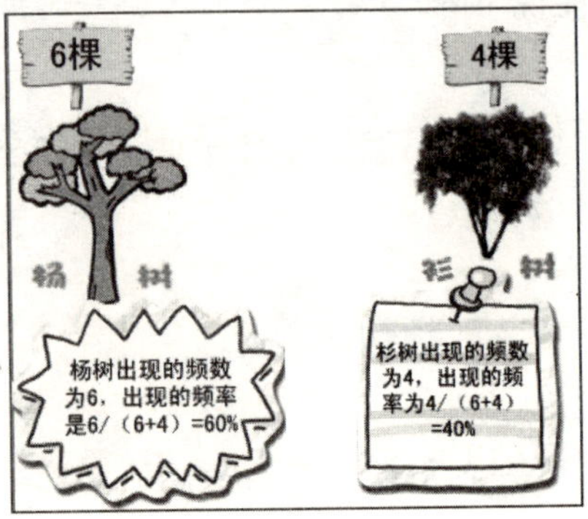

图序-10

比例与比率

王哥：这两个概念解释起来，和前面的差不多。比例和比率都是一种相对的概念。就继续使用上面的例子说明吧！

杨树与杉树所占比例是拿二者的数量去除以总数，而二者之间的比率呢，则是将二者的数量互相对比（图序-11）。

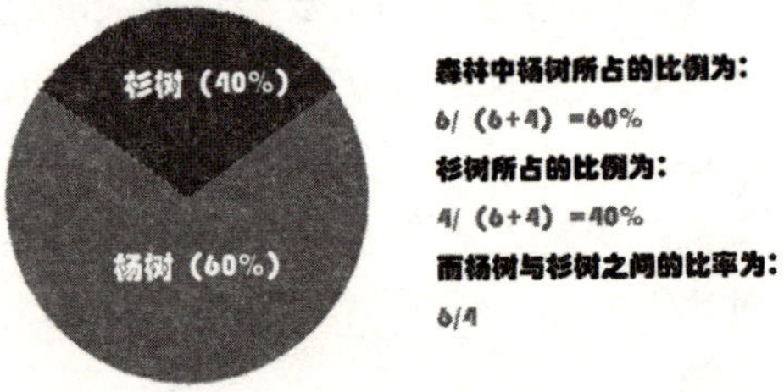

图序-11

小强：嗯，这两个概念我完全理解了！

倍数与番数

王哥：日常生活中我们常常听到广告上面说，我们的公司今年的效益比去年翻一番或者说今年的收入是去年的两倍。但是很多人把倍数和番数弄混淆，根本不清楚番数和倍数之间的区别。

小强： 它俩不是一个概念么？难道……

王哥： 真是个菜鸟啊！具体地说呢，倍数是指两个数相除得到的商。比如说6是3的两倍。而且倍数只能表示数字的增长上升，不能表示数量的减少下降。番数呢就是指原来数量的2n倍。也就是说原数量乘以2的几次幂后的得数。所以说数量翻一番是增长2倍，翻两番是增长4倍……

在日常工作中我们经常弄混淆一些概念，比如说2009年企业产值是2000万，2010年是4000万，那我们就可以说2010年的产值比2009年的产值翻一番，也可以说2010年的产值相对于2009年而言增长了一倍，而不能说增长了两倍。

小强： 哦，明白了。

同比与环比

王哥： 我最后要介绍的“同比”和“环比”的概念，就简单多了。这两个概念牵扯到了一些时间因素，“同比”是指历史同期时间的互相比较，比如说去年9月的产值和今年9月的产值互相比较；环比则是指此次统计与上一次统计互相对比，是两个互相挨着的统计时间内的数据比较。

小强： 王哥你好强大！懂得这么多数据处理的知识，我以后可就靠您多多指点了！

王哥： 强大说不上，不过今后在工作中可以给你一些帮助。关键还是要看个人是否努力钻研。我问你，刚刚我都说了哪些要点和知识啊？得考查一下你有没有认真听。

小强： 总结一下您刚刚所说的信息重点还不是手到擒来的事情么！

数据分析是指用适当的统计方法对收集来的大量资料和数据进行分析，以求最大化地开发数据资料的功能，发挥数据的作用。包含了作图法和列表法两种表达方法。

数据分析是我们快速有效地解决日常问题，提高办事效率的制胜法宝，所以要成为一位优秀的数据分析员我们得培养：对待问题时客观的态度，心中时刻充满疑问，对待复杂问题能够沉下心来，抽丝剥茧地分析，注重逻辑能力的培养、有责任感，要一直去模仿，时刻在创新，不断地超越！

最后，您解释了一些数据分析指标的一些术语：平均数、绝对数与相对数、百分比和百分率、频数与频率、比例与比率以及倍数与番数、同比和环比！

王哥： 这么多内容你都能完全hold住？看来学习能力很强嘛！

小强： 我可是打不死的小强，不过关键还是在于您的讲解很清晰明了，让我听一遍就能完全记住啦！

第1章 有的放矢——明确Boss的数据分析意图

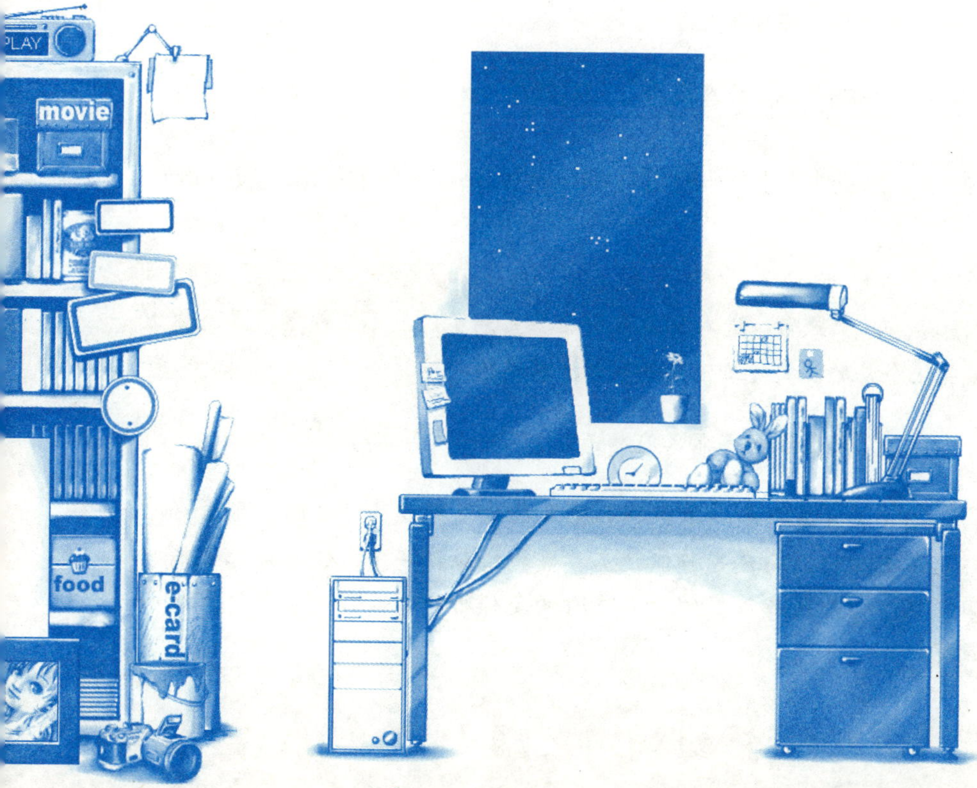

1.1 Boss有话要说

听完王哥的简单讲解之后，小强立马跑到了自己的座位上，拿起一摞摞数据表开始自我研究起来。见到小强这幅模样，身为数据分析高手的王哥却立刻拦住了他。

王哥： Boss究竟给你下了什么命令？

小强： 他让我把这个月的员工出勤表制作出来啊，王哥您就放心吧，经过了刚刚一番教导，我现在可是斗志昂扬呀！

王哥： 千万别这么有信心，我对你还真不太放心！我是问大Boss给你下的任务中有哪些具体的要求，如果你连要求都说不出来，更谈不上制作一份让他满意的数据分析表了。

小强： Boss都说了那些要求？让我想想……

小强的思绪回到了几个小时前，那个时候Boss正严肃地给小强下达着任务。

Boss： 小强啊，进入公司也一个多星期了，差不多能适应了。你去帮我把上个月的公司员工出勤的数据资料整理一下！

小强： 只是整理一下那么简单么？

Boss： 当然不是，你得将那些繁杂的没有规律的出勤记录全部汇总然后再整理好，而且最好能把那些数据给分析一下，让我看起来能够一目了然。你知道我很忙的，我要看的是分析好的数据，不是没有加工的数据。

小强皱着眉头回顾了一下老板的要求，然后复述给了王哥听。

王哥： 那你认为老板所下的任务当中有哪些方面是重点呢？

1.2 注意了，重点要细听——数据分析方向

小强： 重点无非就是要把数据整理得一目了然、看起来清晰有条理嘛。老板的意思我还是能听懂的。

王哥： 你说的这些只是表面，但是最重要的一点你却给忽视了。大Boss性情古怪，伺候不好可就有你受的了。

小强： 从这件事情上又一次证明了我是菜鸟这个事实，那王哥您给具体说说Boss下达的任务当中包含了哪些重要点吧！

王哥： 嗯，好的。首先最重要的一点就是理解什么是调查结果统计表。老板让你做的是调查结果的数据分析，而不是一个统计表。他要看到的是像图1-1这样有分析结果的报表，要一目了然！

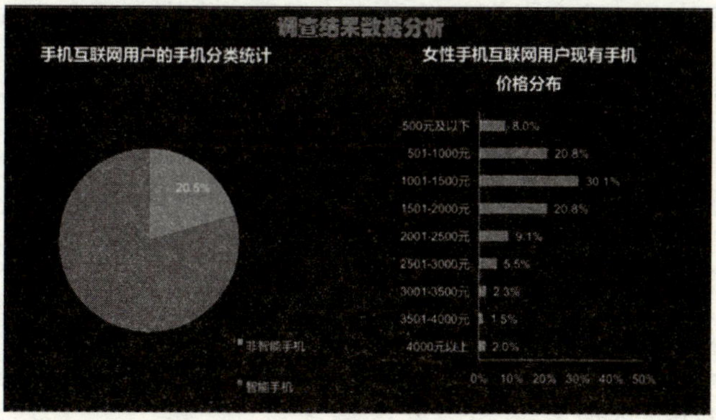

图1-1

小强说：有区别么？

王哥：区别大了！要想做好一份数据分析表，我们首先做的就是去准备相应的数据资料。但是你也知道，就一个公司而言，数据资料繁杂无比。没有明确一个方向的话，很难掌握有用的数据。

Boss说让你把繁杂的没有经过汇总的调查结果统计表给统计整理好。他既然这样说，那就证明他想让你整理的数据不够清晰。

小强：那么多复杂的资料都得整理么？

王哥：不错的，大Boss怎么可能让你做简单的工作呢？一定要多用脑子！

1.3 Boss下达任务——数据分析的目的

王哥：知道老板的“阴险”后，那接下来我们的工作目的就很明确了。

数据分析要有目的性。在项目数据分析中，我们时常陷入一大堆数据中，而忘记了分析数据的目的，致使项目成员在分析数据过程中感到困惑、迷茫（图1-2）。

因此，人们在数据分析前，一定要知道数据分析的目的，然后根据数据分析的目的，选择需要分析的数据，明确数据分析的产出物。这样才能做到有的放矢，提升工作效率。

在日常的工作中，数据分析的目的无外乎以下几点：

图1-2

- 数据转换成便于观察分析、传送或进一步处理的形式。
- 从大量的原始数据中抽取、推导出对人们有价值的信息以作为行动和决策的依据。
- 科学地保存和管理已经过处理（如校验、整理等）的大量数据，以便人们能方便而充分地利用这些宝贵的信息资源。
- 小强：慢点说，我得把您刚刚说的知识点记下来……

1.4 切实有效地看破数据分析的目的

小强：好的，该记下的我都已经记录了。那王哥你再给我传授点看破数据分析目的，寻找数据分析方向的秘诀好吗？

王哥：嗯，可以的。我们日常在接到老板让我们分析数据的命令后，得先去思考Boss让我们去做这一件事情的目的究竟是什么，然后才能去想该怎么做，得使用什么方法，方向在哪里？

明确数据分析方向的步骤主要有三步（图1-3）：

认真听清老板的命令，抓住他想表达的重点词汇或语句。能向老板多问些和任务有关的问题，就应该现场多问一些。这些都是确定数据分析目的的重要依据。

接下来就是根据已知的要求和任务内容来确认工作的重点了。这就好像小学生做应用题一样，有了题目就得提取有用信息。

目的明确后，把握好主方向。在搜集数据和处理数据时，时刻提醒自己在做什么，为什么这样做，目的在哪里。

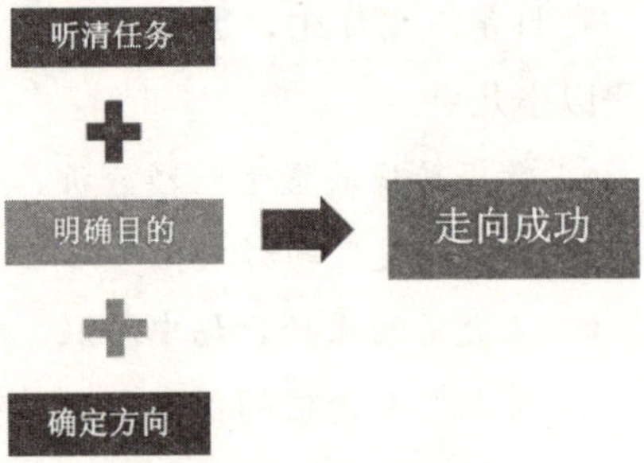

图1-3

小强： 这三步我也都记下来了，今天还真多谢王哥您的教导，那我以后在这方面有什么不懂的，可都得靠您指点了！

王哥： 教导和指点算不上，不过有什么问题我都会尽力帮你的。谁叫你是Boss想要培养的人才呢？

1.5 总结

王哥： 在工作中，只有明确了目的和研究的方向，才能有的放矢，避免无用功的产生，从而提高工作效率。刚刚我主要说了数据分析的目的……

小强： 数据分析的目的是把数据转换成容易理解的形式、从大量基础数据中提取最有用的信息、科学地保存和管理有用信息。

王哥： 总结得不错，还有明确数据分析方向的步骤呢？

小强赶紧翻开笔记： 首先得听清数据分析的任务，然后确认分析的明确目的，最后选定分析的方向和方法。

王哥： 嗯，在明确数据分析意图方面基本上就这些内容。现在你可以去好好思考该怎么着手处理自己的工作了！

第2章 千里之行始于足下——数据准备

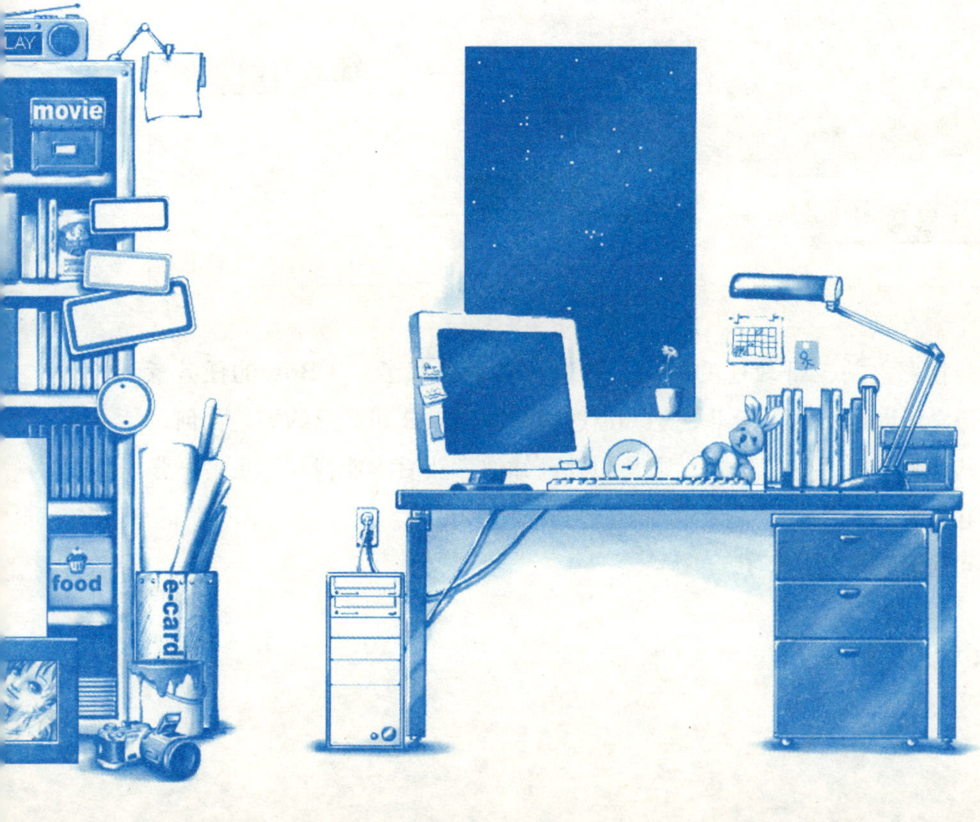

经过王哥的指导，小强终于把一份满意的员工出勤考核表制作好，并且交给了Boss。但是得到表扬后的小强依然不怎么开心，原因是“惨无人道”的老板根本不给他喘息的机会，又紧接着下达了一个任务。

Boss： 小强啊，员工出勤考核表分析制作得还不错嘛（图2-1）。既然你那么擅长数据处理，帮我再去搜集一点公司产品以及其他竞争对手近段时间以来的销售数据吧。

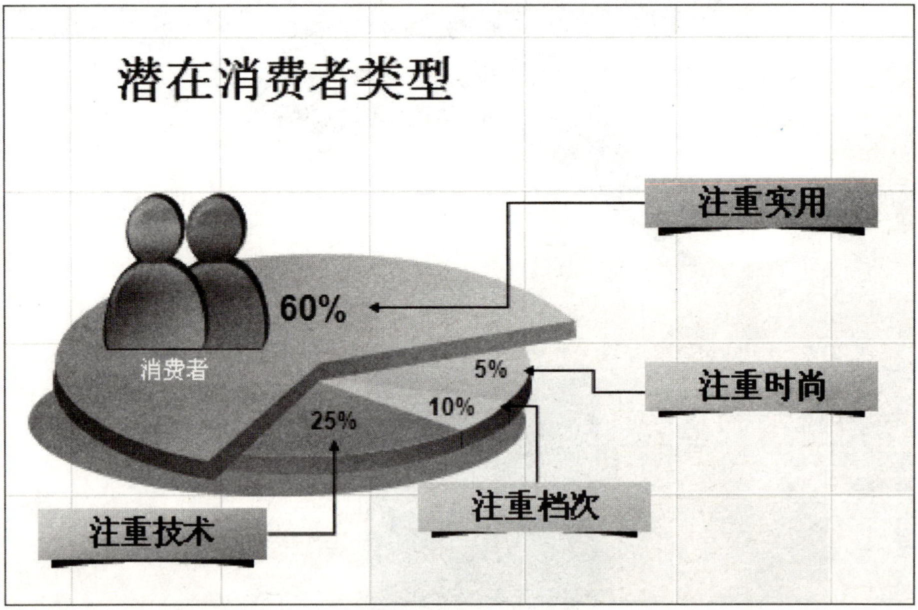

图2-1

小强按照之前王哥教他的方法，较为认真地揣摩了一下Boss的任务意图。老板之所以这么说，无非是想知道近段时间以来公司产品的销量如何，而调查其他竞争对手的情况呢，则是想知己知彼，然后才能找到不足，增强自身的竞争力。

可问题也就随之而来了……

2.1 数据是"神马"

小强： Boss的话中有话，绝对不只是搜集资料那么简单，我肯定还得把搜集来的数据整理分析一下！想想就让人头皮发麻，我得花大量时间去搜集海量的阿拉伯数字，然后再被自己搜集过来的数据淹没……

王哥： 小子变聪明了，不过说到这数据搜集…… 小强，你是不是不懂什么叫做数据？

小强： 数据我懂啊，不就是123456…… 这些数字嘛（图2-2）！

图2-2

王哥： 看来你真的不懂数据到底是"神马"！

小强： 王哥，你的意思是数据不是数字，而是……

王哥： 数据肯定不是"神马"，但也不是仅仅包含阿拉伯数字那么简单。让我给你具体讲解数据的含义吧。

在以前，数据是指科学实验、检验、统计等所获得的和用于科学研究、技术设计、查证、决策等的数值。

在计算机系统中，各种字母、数字符号的组合、语音、图形、图像等统称为数据，数据经过加工后就成为信息。

计算机科学中，数据是指所有能输入到计算机并被计算机程序处理的符号的介质的总称，是用于输入电子计算机进行处理，具有一定意义的数字、字母、符号和模拟量等的通称，如投资项目敏感性分析模型（图2-3）。

投 资 项 目 敏 感 性 分 析 模 型

折旧方法：直线法　变化区间：±50%　所得税税率　30.00%　内部收益率　12%

项目	变动前数值	变动后数值	变动百分比	滚动条及辅助值
初始投资(万元)	200	234	17.00%	67
期末残值(万元)	2	1.48	-26.00%	24
寿命期(年)	6	5.28	-12.00%	38
年付现固定成本(万元)	30	24	-20.00%	30
年销售量(单位)	90000	116100	29.00%	79
产品单价(元/单位)	28	20.44	-27.00%	23
单位变动成本(元/单位)	10	9.3	-7.00%	43

1. 多因素变动对净现值的综合影响（万元）

预计净现值	变动后净现值	净现值变动额	变动幅度
221.6102314	93.07611977	-128.5341117	-0.580000801

2. 单因素变动对净现值的影响（万元）

项目	因素变动百分比	变动后净现值	净现值变动额	净现值变动幅度
初始投资	17.00%	194.5996239	-27.01060755	-12.19%
设备残值	-26.00%	221.4536798	-0.156551593	-0.07%
寿命期	-12.00%	190.04264	-31.56759139	-14.24%
年付现固定成本	-20.00%	238.8781422	17.26791076	7.79%
年销售量	29.00%	356.8179727	135.2077412	61.01%
产品单价	-27.00%	25.79212343	-195.818108	-88.36%
单位变动成本	-7.00%	239.7415377	18.1313063	8.18%

图2-3

小强： 数据的含义经过您的解释，还真是包罗万象呢！

王哥： 关于数据的属性，可以这样说：数据是载荷或记录信息的按一定规则排列组合的物理符号。可以是数字、文字、图像，也可以是计算机代码。

对信息的接收始于对数据的接收，对信息的获取只能通过对数据背景的解读。数据背景是接收者针对特定数据的信息准备，即当接收者了解物理符号序列的规律，并知道每个符号和符号组合的指向性目标或含义时，便可以获得一组数据所载荷的信息。亦即数据转化为信息，可以用公式“数据+背景=信息”表示。

而我们对于数据的研究，即是对数据进行采集、分类、录入、储存、统计分析、统计检验等一系列活动的统称（图2-4）。

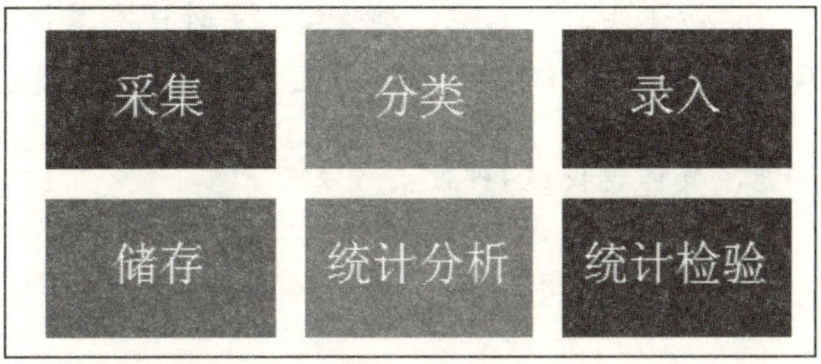

图2-4

小强： 小小“数据”，含义非凡！

王哥： 是的，随着现代社会不断向前发展，数据的定义变得极其宽广。自然数据的量也在逐年递增，人类无时无刻不在制造着海量的数据分析。

文字、商业、医学、科研、军事、生活…… 各行各业都在使用并制造着数据。

小强： 这么说来我正在记录的笔记也算是制造一类“数据”？

王哥： bingo！

2.2 最实用的4大数据收集之法

小强： 王哥，你一定知道数据搜集的方法都有哪些。我虽然晓得一些搜集的途径，毕竟数据得来的渠道越多越好嘛！

王哥： 数据搜集是进行分析数据的前提，也是基础。数据收集的方法主要有观察法、访谈法、问卷法、测验法。另外还有其他比较次要的搜集方法，我不做过多赘述，掌握住了这4种主要的搜集方法就已经足够了。

小强： 嗯，具体说说这4种搜集方法吧。

王哥： 先从观察法说起。

2.2.1 观察法

观察法是指研究者根据一定的研究目的、研究提纲或观察表，用自己的感官和辅助工具去直接观察被研究对象，从而获得资料的一种方法（图2-5）。

图2-5

科学的观察具有目的性和计划性、系统性和可重复性。常见的观察方法有：核对清单法；级别量表法；记叙性描述法。观察一般利用眼睛、耳朵等感觉器官去感知观察对象。由于人的感觉器官具有一定的局限性，观察者往往要借助各种现代化的仪器和手段，如照相机、录音机、显微录像机等来辅助观察。

例如，我们要统计职员在8:00~9:00的报到率，那么就可以使用观察方法得到。提早站在门口看着，或者是通过公司门口的摄像头来观察。

小强： 了解！

王哥： 观察法也分很多种：自然观察法、设计观察法、掩饰观察法、机器观察法。一般来说人们更趋向于使用机器观察法，因为机器能够比人员更精确、更容易地完成工作。

去做观察的时候，要养成灵敏的感知习惯，善于从外物的表现发掘规律，勤于动笔，作好记录！

2.2.2 访谈法

小强： 下一个方法，访谈法！

王哥： 你小子倒是心急了。访谈，就是研究性交谈，是以口头形式，根据被询问者的答复搜集客观的、不带偏见的事实材料，以准确地说明样本所要代表的总体的一种方式。尤其是在研究比较复杂的问题时需要向不同类型的人了解不同类型的材料。

访谈法收集信息资料是通过研究者与被调查对象面对面直接交谈的方式实现的，具有较好的灵活性和适应性。访谈广泛适用于教育调查、求职、咨询等，既有事实的调查，也有意见的征询，更多用于个性、个别化研究。

这类调查方法的局限性很大，因为被调查者有可能隐瞒一些情况，而且并不是说任何一个人都愿意提供信息资料。同时这种调查过程的随意性，导致了不同的被访者回答是多种多样的没有统一的答案。所以对访谈结果的处理和分析就比较复杂，由于标准化程度低，就难以作定量分析。

小强：所以，王哥你是不推荐这种调查方法咯？

王哥：不推荐我介绍出来干什么？访谈法在心理学调查啊，消费者心态调查等数据调查中还是很常用的。

2.2.3 问卷法

王哥：第三种搜集数据的方法叫做问卷法，顾名思义使用这个方法前需要设计一份调查问卷表格，例如说这份表格（图2-6）。

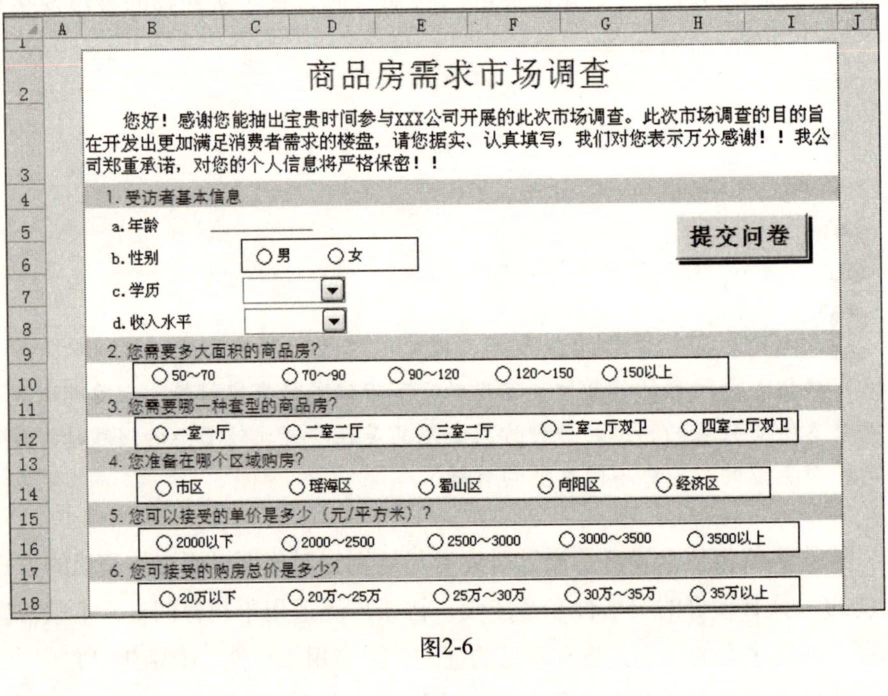

图2-6

小强：哦，那做一次问卷调查需要准备哪些工作呢？还有这份调查问卷表是通过什么方法制作出来的呢？

王哥： 首先，我们得做一个目的性分析，问卷调查是想得到必要性反馈，还是满意度反馈，并以此来定一个基调。

然后需要去统计规划，问卷调查的目的是为了解释某样事实，从此得到结论和相关数据。而且不管你在做任何具体工作之前，都得要大致规划好要的结果，尤其是各项数据资料。

上面两步你都做好了的话，接下来就得牵涉到问卷的设计问题了。这份问卷是使用Word办公软件设计的。由于个人的设计在提问和意见询问上面会有所偏差，所以在做问卷调查表的时候，最好还是能多找一些人陪你做调查表，集思广益地进行设计。

最后在数据提取得出结论的时候，要先统计回收率，只有达到基本要求的回收率，有比较大的代表性之后才能进行分类。在整理数据的时候可选择绘制表格，也可以选择绘制图形，但是调查结论必须得亲自撰写。

2.2.4 测验法

小强： 嗯，市场调研的时候经常会用到上面介绍的问卷法。这种方法一定要掌握。

王哥： 不错，下面我们来介绍一下测验法。当然这里指的测验法并非心理学上面的概念。我所讲的测验法也包含了实验法的概念，就是指在日常生活等自然条件下，有目的、有计划地创设和控制一定的条件来进行研究的一种方法。也可以是实验室内利用一定的设施，控制一定的条件，并借助专门的实验仪器进行研究的一种方法。也指探索自变量和因变量之间的关系的一种方法。

小强： 我琢磨着，王哥您忘了一种非常直接有效的数据收集途径！

王哥： 你是不是指在网络或者书库中搜集资料呢？

小强： 王哥真乃神人也，这都被你看出来了。

2.3 网络数据搜集应注意的技巧

王哥： 在书籍文献中寻找资料固然很方便，但是那些资料有些由于年代过于久远，根本无法应用在当代社会。所以在图书馆寻找数据资料的时候，还得注意一下书籍文献的出版日期。

而说到网络数据的搜集，这也是近几年才发展起来。现在互联网走入了千家万户，上网查找资料也成为了人们的必备技能。网络中的信息传播速度最快，其数据信息更新量巨大。

小强： 我就说嘛，千万别忽视网络的力量。那如何有效地在网络上面搜集需要的数据呢？

王哥： 想要有效地在网络上搜集到自己想要的信息，那么首先得成为搜索达人。成为达人的步骤只有3步：

Step 01 表述准确。 百度、Google等搜索引擎会严格按照你提交的查询词去搜索，因此，查询词表述准确是获得良好搜索结果的必要前提。一类常见的表述不准确情况是，脑袋里想着一回事，搜索框里输入的是另一回事（图2-7）。

Step 02 明确信息分类。网络数据杂乱无章，有些时候尽管你输入了准确的关键词，可搜索出来的网页词条数还是大的惊人，明白自己所需数据的类别是什么，是能够准确筛选信息的关键。

Step 03 懂得提取精华。在大段的文字描述中，能够准确地寻找到对自己最有用的信息，并且加以利用也是一项能力。很多时候人们寻找到的网页信息包含了大量的无关介绍，我们不可能全部复制粘贴下来，剔除糟粕是首先得做的事情（图2-8）。

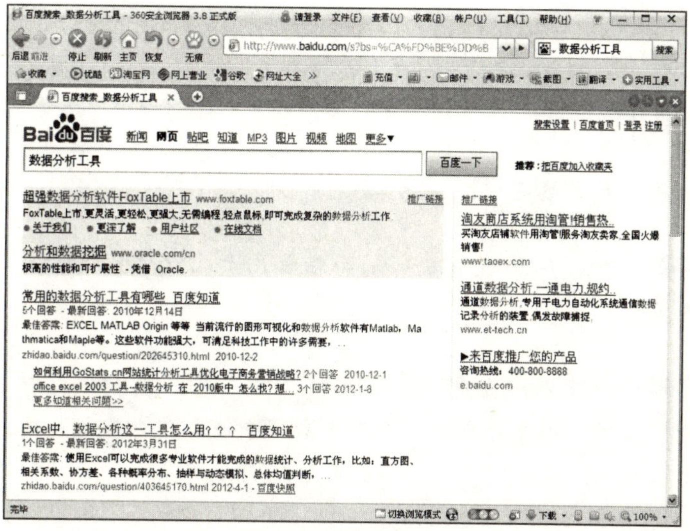

图2-7

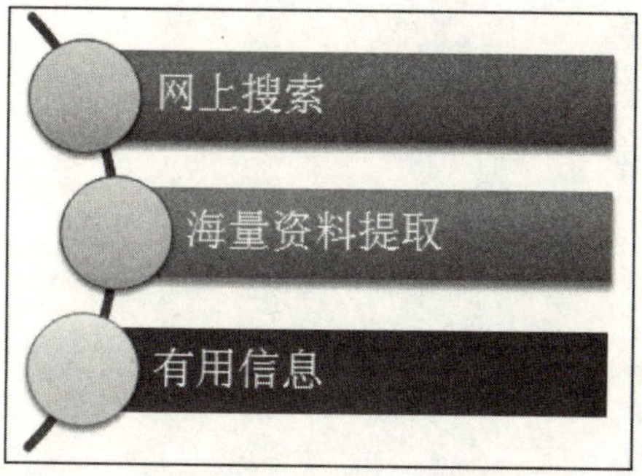

图2-8

2.4 在Excel中如何掌握数据录入与导入

小强： 有了您给介绍的这些方法之后，搜集数据对于我来说轻而易举。

王哥： 那可不一定，你只是知道数据该如何搜集，但是搜集来的数据准备用什么汇总？

小强： 我当然是用Excel表格啦。

王哥： 哦，那你说说看如果面临着几千几万个数据时，该怎么进行汇总输入呢？

小强： 几千几万个数据？太夸张了吧！我只是去搜集一下近段时间内的销售数据，哪里会有几千几万个数据等待着我去录入（图2-9）？

	A	B	C	D	E	F	G	H	I	J
1	10月份销售记录表									
2	日期	编码	品牌	产品名称	规格	单位	销售单价	销售数量	销售金额	销售员
3	10-9	B-002	夏兰	修身短袖外套	3色	件	200	7	1400	刘洋
4	10-9	D-008	Amue	华丽蕾丝亮面衬衫	黑白	件	280	2	560	黄建国
5	10-9	C-003	夏寇	气质连衣裙	黑	件	330	1	330	黄建国
6	10-10	C-002	夏寇	斜拉链七分牛仔裤	蓝色	条	180	4	720	陈磊
7	10-10	E-010	Zkite	绣花天丝牛仔中裤	3色	条	340	3	1020	夏雨
8	10-11	C-002	夏寇	斜拉链七分牛仔裤	蓝色	条	320	2	640	刘洋
9	10-11	A-002	依莲	欧美风尚百搭T恤	粉色	件	120	5	600	刘洋
10	10-11	B-001	夏兰	薰衣草飘袖雪纺连衣裙	淡蓝	件	280	2	560	刘洋
11	10-11	C-002	夏寇	斜拉链七分牛仔裤	蓝色	条	180	8	1440	罗小平
12	10-12	A-004	依莲	梦幻蕾丝边无袖T恤	蓝色	件	126	7	882	夏雨
13	10-12	B-002	夏兰	修身短袖外套	3色	件	190	8	1520	夏雨
14	10-13	C-002	夏寇	斜拉链七分牛仔裤	蓝色	条	180	3	540	陈磊
15	10-13	G-007	曼茵娜	针织烂花开衫	蓝色	件	69	9	621	罗小平
16	10-13	D-007	Amue	霓光幻影网眼两件套T恤	2色	件	100	8	800	黄建国
17	10-13	C-002	夏寇	斜拉链七分牛仔裤	蓝色	条	185	3	555	陈磊
18	10-14	G-002	曼茵娜	印花雪纺连衣裙	印花	件	168	5	840	罗小平
19	10-14	D-010	Amue	花园派对绣花衬衫	3色	件	80	10	800	陈磊
20	10-15	E-010	Zkite	绣花天丝牛仔中裤	3色	条	340	5	1700	罗小平
21	10-15	E-005	Zkite	纯真年代牛仔系结短衬衫	蓝	件	100	7	700	夏雨
22	10-15	B-001	夏兰	薰衣草飘袖雪纺连衣裙	淡蓝	件	260	7	1820	黄建国
23	10-16	A-002	依莲	欧美风尚百搭T恤	粉色	件	125	8	1000	罗小平
24	10-16	E-011	Zkite	果色缤纷活力短裤	3色	条	80	2	160	夏雨
25	10-17	F-003	纯姬	假日质感珠绣层叠吊带衫	3色	件	100	3	300	黄建国
26	10-17	E-010	Zkite	绣花天丝牛仔中裤	3色	条	360	2	720	陈磊
27	10-17	A-002	依莲	欧美风尚百搭T恤	粉色	件	110	4	440	黄建国
28	10-18	A-004	依莲	梦幻蕾丝边无袖T恤	蓝色	件	120	7	840	夏雨
29	10-18	D-009	Amue	时尚基本款印花T	蓝灰	件	69	8	552	陈磊
30	10-18	F-001	纯姬	宽松舒适五分牛仔裤	蓝	条	200	5	1000	夏雨

图2-9

王哥： 几千几万很多么？那算少了！光是我们一个公司每个月产生的数字量就达到了好几万个呢，如果你不懂数据录入方面的技巧，那就等着被数字军团给淹没吧！

小强： 您还是细说一下吧。

2.4.1 手工数据录入应掌握的技巧

王哥：待我慢慢道来！

日常工作当中，我们经常遇到比较烦琐且难以输入的数据无非是小数、分数以及百分数之类的。其实这些都可以在Excel中简化输入流程。

小数

如果我们需要在Excel 2010工作表中输入大量的带有小数位的数字，按照普通的输入方法，可以按照数字原样大小直接输入。例如，现在要在单元格中输入0.05这个数字时，我们会把“0.05”原样输入到表格中。如果批量录入这样的数字，工作量巨大。

我们可以使用Excel 2010中的小数点自动定位功能，让所有数字的小数点自动定位，从而快速提高输入速度。在使用小数点自动定位功能时，在Excel 2010选项对话框中，选择“高级”选项。然后单击选择“自动插入小数点”复选框，并在“位数”框中设置小数点位数（图2-10）。

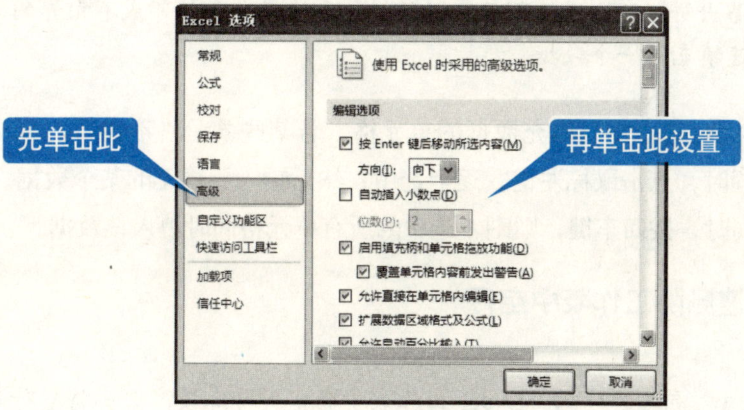

图2-10

设置好了小数点输入位数之后，就可以很方便地进行数据录入了。例如，要设置的录入小数点数是后2位，那么输入63.32这个数字时，只需要在Excel里面输入6332这个数字就行了。

➔ 分数

分数的表示规则是“分子/分母”。但是，如果在单元格直接输入“分子/分母”，Excel就会根据输入分子和分母数字的具体情况，而进行不同的默认处理。如果分子是1~31之间的整数，且分母是1~12之间的整数，Excel就会将其自动处理为日期“月-日”；而如果分子是1~31之外的数字，且分母是1~12之外的数字，Excel就会将其自动处理为文本。

因此，为了输入正确的分数，需要先输入“0”，空一格，再输入分数（按格式“分子/分母”输入）。也可以先将单元格的格式设置为“分数”在进行输入。

➔ 快速输入大量相同数据

小强： 上面介绍的功能很强大。那如果我想输入很多相同的数据，有没有什么超简便的方法呢？

王哥： 当然有啦！如果希望在不同的单元格中输入大量相同的数据信息，不必逐个单元格一个一个地输入，那样需要花费好长时间，而且还比较容易出错。可以通过下面介绍的操作方法在多个相邻或不相邻的单元格中快速填充同一个数据。

首先，同时选中需要填充数据的单元格。若某些单元格不相邻，可在按住Ctrl键的同时，点击鼠标左键，逐个选中；然后输入要填充的某个数据。按住Ctrl键的同时，按回车键，则刚才选中的所有单元格同时填入该数据。

➔ 快速删除工作表中空行

小强： 有些时候删除Excel 工作表中的空行特麻烦，需要将空行都找出来，然后逐行删除，但这样做操作量非常大，很不方便。那么如何才能减轻删除工作表中空行的工作量呢？

王哥： 这个简单！插入一新的列 X ，在 X 列中顺序填入整数；然后根据其他任何一列将表中的行排序，使所有空行都集中到表的底部。删去所有空行中X列的数据，以X列重新排序，然后删去X列。按照这样的删除方法，无论工作表中包含多少空行，都可以很快地删除了。

快速对不同单元格中字号进行调整

王哥：在使用Excel录入信息的时候，经常需要将某一列的宽度固定，但由于该列各单元格中的字符数目不等，致使有的单元格中的内容不能完全显示在屏幕上，为了让这些单元格中的数据都显示在屏幕上，就不得不对这些单元格重新定义较小的字号。

小强：对，那么问题就来了。如果依次对这些单元格中的字号调整的话，工作量将会变得很大……

王哥：减轻字号调整的工作量，我自有妙招：

新建或打开一个工作簿，并选中需要Excel根据单元格的宽度调整字号的单元格区域。用鼠标依次单击菜单栏中的“格式”|“设置单元格格式”|“对齐”标签，在“文本控制”下选中“缩小字体填充”复选框，并单击“确定”按钮（图2-11）。

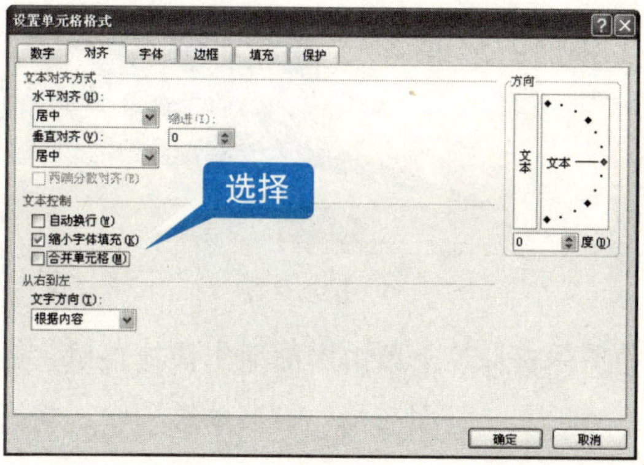

图2-11

当你在这些单元格中输入数据时，如果输入的数据长度超过了单元格的宽度，Excel能够自动缩小字符的大小把数据调整到与列宽一致，以使数据全部显示在单元格中。

如果对这些单元格的列宽进行了更改，则字符可自动增大或缩小字号，以适应新的单元格列宽，但是对这些单元格设置的字体字号大小则保持不变。

➜ 快速处理多个工作表

小强： 关于Excel录入技巧方面，我还有最后一个终极问题，怎么才能双管齐下，甚至是多管齐下呢？

王哥： 你说的是同时处理多张Excel表格吧！

小强： 对，有些时候需要在Excel 2010中打开多个工作表来进行编辑，但无论打开多少工作表，在某一时刻只能对一个工作表进行编辑，编辑好了以后再依次编辑下一个工作表，那多麻烦，可我又拿那些表格没辙……

王哥： 你可以首先按住“Shift”键或“Ctrl”键并配以鼠标操作，在工作簿底部选择多个彼此相邻或不相邻的工作表标签，然后就可以对其实行多方面的批量处理（图2-12）。

图2-12

接着在选中的工作表标签上单击右键弹出快捷菜单，进行插入和删除多个工作表的操作；然后在“页面布局”的菜单选项中，将选中的多个工作表设成相同的页面模式。

再通过“开始”菜单中的有关选项，在多个工作表范围内进行查找、替换、定位操作；通过“格式”菜单中的有关选项，将选中的多个工作表的行、列、单元格设成相同的样式并进行一次性全部隐藏操作。

最后在“工具”菜单中选择“选项……”，在弹出的菜单中选择“视窗”和“编辑”按钮，将选中的工作表设成相同的视窗样式和单元格编辑属性；选中上述工作表集合中的任何一个工作表，并在其中完成所需要的表格，则其他工作表在相同的位置也同时生成了格式完全相同的表格。

2.4.2 有序/特定数据的快速填充

小强： 很多时候我总会遇到许多连续的数字，比如说连续的年份，连续的时间等。这些数在输入的时候应该有诀窍可循吧？

王哥： 大量数据的快速录入也称为填充，对这些数据我们可以采用填充技术，让它们自动出现在一系列的单元格中。填充功能是通过“填充柄”或“填充序列对话框”来实现的。

小强： 具体的操作是怎么用的？您用这台电脑给我演示一下！

王哥： 先打开Excel表格，然后用鼠标单击一个单元格或拖曳鼠标选定一个连续的单元格区域时，框线的右下角会出现一个黑点，这个黑点就是填充柄。打开填充序列对话框的方法是：单击“开始”菜单下的“编辑”栏中的“填充”按钮。

打开“填充”按钮之后，选定按钮子菜单里面的“系列”选项，即可弹出“序列”设定对话框（图2-13）。

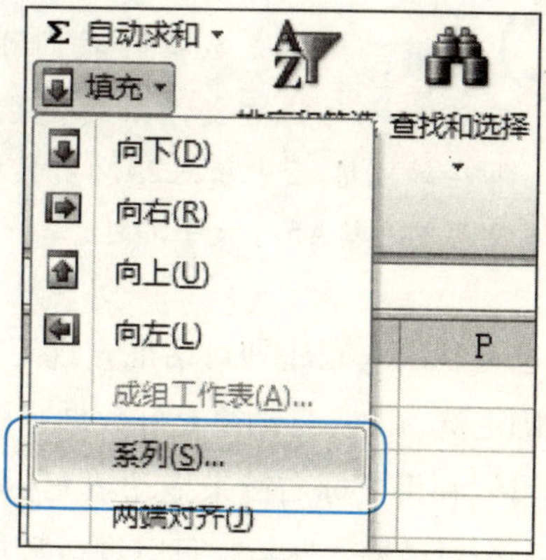

图2-13

➔ 数字序列填充

数字的填充有三种填充方式选择：等差序列、等比序列、自动填充。

从弹出的“序列”对话框可以发现：以等差或等比序列方式填充需要输入步长值（步长值可以是负值，也可以是小数，并不一定要为整数）、终止值（如果所选范围还未填充完就已到终止值，那么余下的单元格将不再填充。如果填充完所选范围还未达到终止值，则到此为止）。

自动填充功能的作用是，将所选范围内的单元全部用初始单元格的数值填充，也就是用来填充相同的数值（图2-14）。

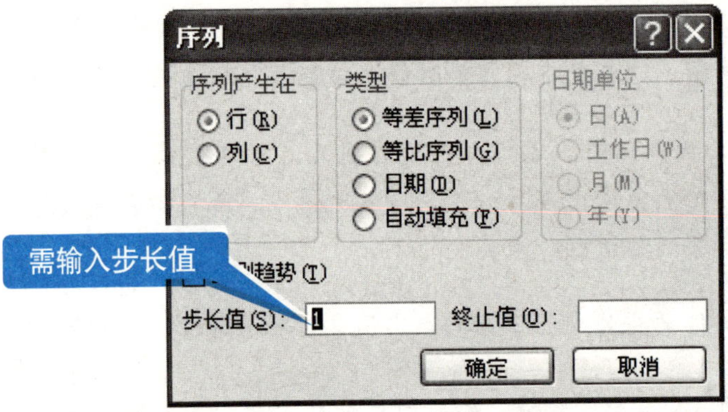

图2-14

小强： 嗯，又学会一招！

王哥： 在填充数据时我们可以利用鼠标按住填充柄向上、下、左、右四个方向的拖曳，来填充数据。比如说在初始单元格A1中填入20，再在单元格A2中填入25，用鼠标选定单元格A1、A2后按住填充柄向下拖曳至单元格A5时放手即可。

也可利用填充序列对话框，选定好了步长和终止值以及行列和类型后，按下确定键，即可自动填充好数据（图2-15）。

当你利用鼠标右键来拖动填充柄向下拉的时候，就会在下拉结束的时候弹出一个对话框，然后就可以进行数据的任意填充了。

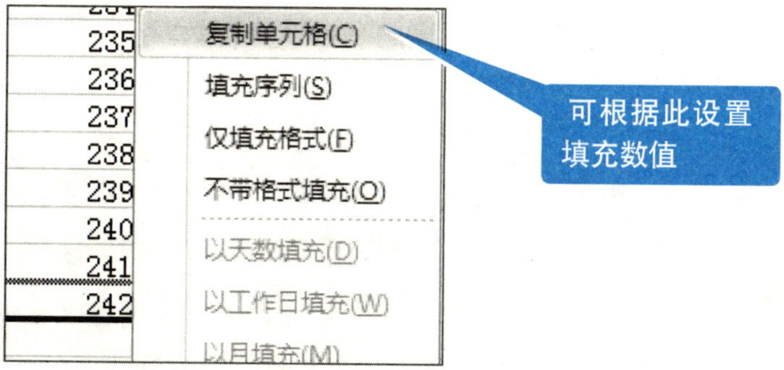

图2-15

小强： 明白了，那么接下来的日期填充，工作日填充都是同样的道理？

王哥： 不错，不过关于文本填充我得交待一些注意的事项。

文本填充注意事项

- 当文本中无数字的时候，填充操作都是复制初始单元格内容，填充对话框中只有自动填充功能有效，其他方式无效。
- 当文本内容全部是数字的时候，在文本单元格格式中，数字作为文本处理的情况下，填充时将按等差序列进行。
- 文本中含有数字，却不全为数字时无论用何种方法填充，字符部分不变，数字按等差序列、步长为1（从初始单元格开始向右或向下填充步长为正1，从初始单元格开始向左或向上填充步长为负1）变化。

如果文本中仅含有一个数字，数字按等差序列变化与数字所处的位置无关；当文本中有两个或两个以上数字时，只有最后面的数字才能按等差序列变化，其余数字不发生变化。

2.4.3 网络数据复制应掌握的技巧

小强： 哦，王哥您介绍了这么多，我来试试看！

望着电脑屏幕，小强信心满满地上网查找了一下资料，然后极其坦然地复制、粘贴，结果……

小强： 王哥，你看这是怎么回事？我从网上复制下来的资料有些含有代码，有些文字像是外部链接……

王哥： 嗯，我看着呢，就知道你小子会在网上复制资料的时候出现麻烦！这查找复制资料也是很有窍门的！

（1）纯文字内容

如果复制的内容是纯文字形式，无表格与图片，直接单击工具栏上的“粘贴”按钮就可以了，网页文字上原有的属性都会保留下来，只是比较零乱，需要整理。

在许多情况下文档中出现大量的“手工换行符”，这时你可以应用Word“查找/替换”功能来轻松解决。

在“查找/替换”对话框中，打开“高级”选项，通过特殊字符在“查找内容”框中加上“^I”（手工换行符），在“替换为”框中加上“^p”（段落标记），再单击“全部替换”按钮，瞬间就完成替换操作。

你如果不需要保留原来的格式及链接等，单击“编辑”|“选择性粘贴”，打开“选择性粘贴”对话框，在“粘贴”选项中选择“无格式文本”，确定后就可以了。

当然如果你复制下来的文档内容具有外链接的话，为了过滤文本的格式和外链接，可以先将文本内容复制、粘贴在txt格式文档中（或者是文本文档中），然后再转入Word里面进行格式重新排版。那个时候复制文章里面的所有外链接也就不复存在了（图2-16）。

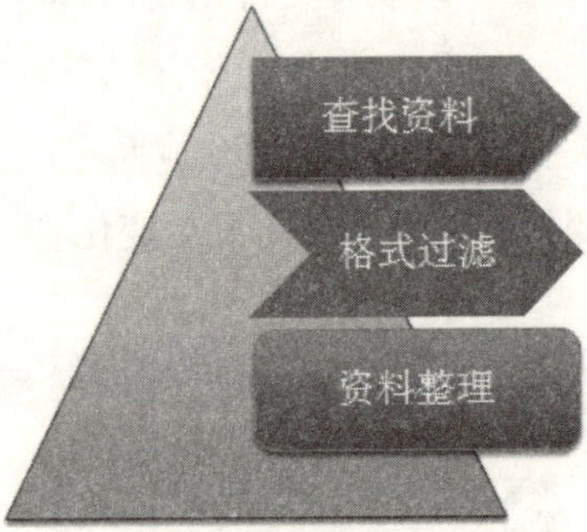

图2-16

（2）带有表格的文本

只要将光标移动到表格内的任一位置，单击“表格”工具里面的“布局”按钮，里面有个“转换为文本”的命令（位于最右边倒数第二个），单击一下即可完成表格和文字的随意转换（图2-17）。

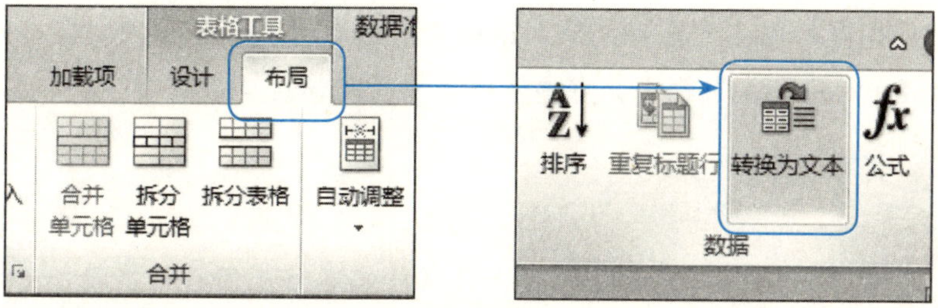

图2-17

（3）图文并茂的网页

将资料复制到Word后，默认的图文环绕方式是“嵌入型”，在设置“行间距”时，不要选择“固定值”选项，原因是选择后，图片会置于文字的下面，被遮盖住，需要将图文环绕方式重新设置为“四周型”等环绕方式，图片才能完全显示出来。

如要保持图片与文本的相对位置绝对不改变。可以采用抓图的方法，将网页完整地抓下来，把图片插入到Word中保存就可以了。

2.4.4 外部数据导入应掌握的技巧

小强：很好很强大的使用方法啊！

王哥：可不是，我把我知道的这些内容倾囊相授了，今日你可得请我这个老师吃顿饭呐！

小强：那是当然。

王哥：为了让你觉得请我吃顿饭的回报值更高，就再传授你点数据导入的知识吧！

王哥：其实，关于Excel外部数据导入还有其他更方便的方法。首先，最简单常用的就是在网页上直接导入。

网页数据的简单导入

当你打开一个网页时，上面的内容你很想利用到Excel里面，那么就可以轻松地使用鼠标右击，在弹出的对话框中的最底部的命令中会出现“导出到Microsoft Excel（x）”命令，点击就可实现数据导入。

文本文件

王哥：现在你手边假如有一些以纯文本格式储存的文件，如果此时需要将这些数据制作成Excel的工作表，那该怎么办呢？重新输入一遍？这样做效率会大打折扣！

将菜单上的数据一个个复制、粘贴到工作表中，也需花很多时间。没关系！只要在Excel中巧妙使用其中的文本文件导入功能，就可以大大减轻需要重新输入或者需要不断复制、粘贴的巨大工作量了。

打开Excel表，在菜单栏中找到“数据”选项，右击进入后再选择“自文本“选项，就可以轻松导入任何文档的内容了（图2-18）。

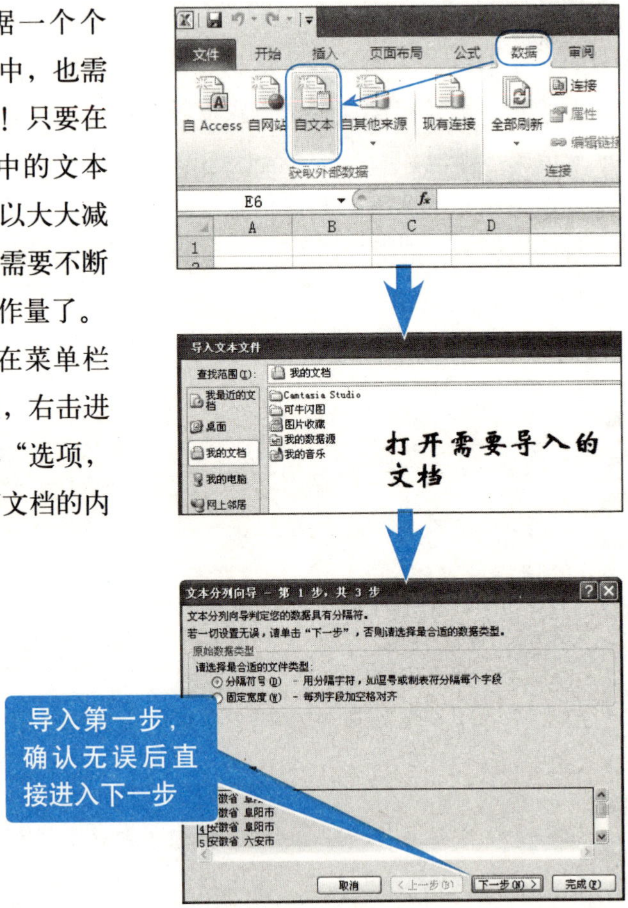

图2-18

在第三步时我们可以选择不同的分隔符，并能实时预览分隔效果。因为我们的文本文件是空格来分列的，所以选择空格作为我们的分隔符号（图2-19）。

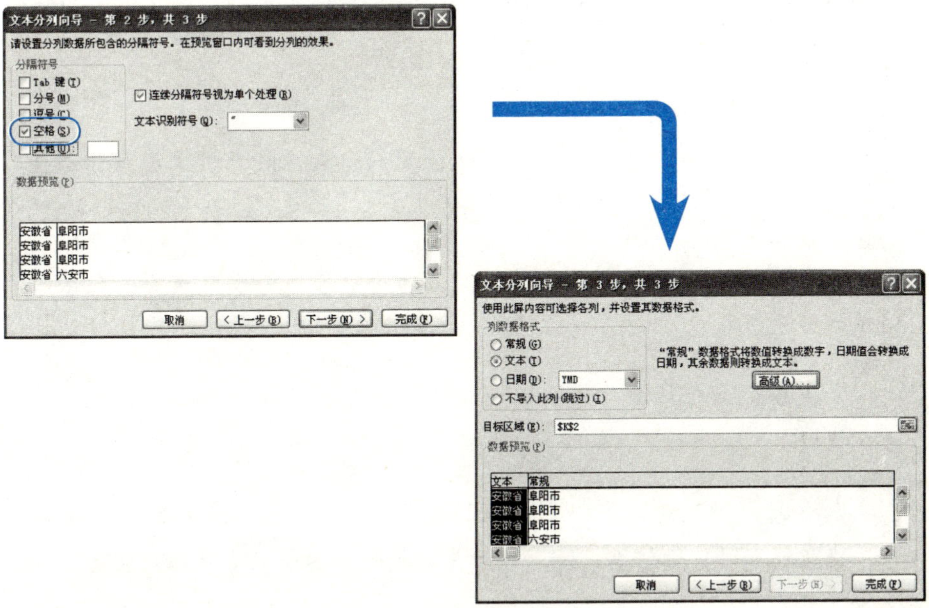

图2-19

在这个窗口中，我们可以跳过某些数据。例如，我们想要忽略三月份的工资的话，单击选中该列，这时该列以黑色作为底色，并在“列数据格式”单选框中选中“不导入此列（跳过）”项，单击“完成”按钮。此时会出现一个窗口让我们选择接收该数据的文件，可以根据情况进行选择（图2-20）。

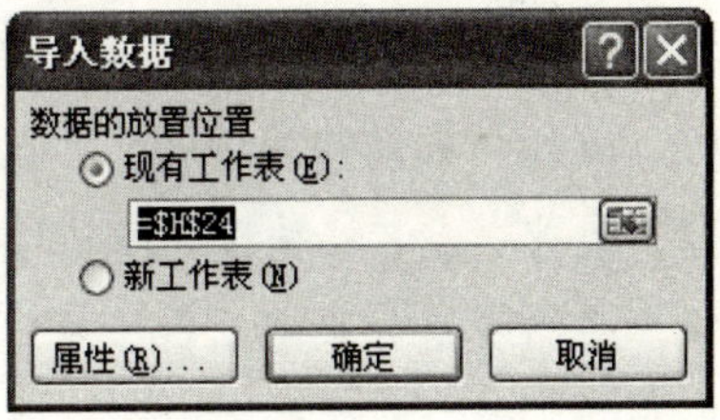

图2-20

单击“确定”按钮后，我们想要的数据已经导入到表格中了。

小强： 这个有点麻烦，我得认真地琢磨一下！

2.5 总结

王哥： 好了，一口气介绍了这么多知识点，我敢肯定小强你记住不了多少！

小强： 大部分我都记在了笔记上面了，您放心吧！要不我给您再简单的复述一遍？

王哥： 好吧，全当是加深记忆了，你给我简单地复述吧，允许你看笔记说。

小强： 数据是具有一定意义的数字、字母、符号和模拟量等的通称。数据包含的范围极其广泛，几乎是能被利用起来的资料都叫数据。

而搜集数据有4种最常用的方法：观察法、访谈法、问卷法、测验法，这4种方法各有各的特色。当然搜集数据资料的话也能在网上寻找，这就牵涉到了网上搜索资料的一些技巧：搜索关键词要明确，想找的资料明细分类清楚，以及慧眼识金般地筛选提取信息精华等。

关于数据的录入和导入方面，王哥主要介绍了一些Excel软件的应用技巧。例如，如何快速地输入小数、分数等特殊数据，如何快速地导入文本内容，做有序或者特殊数据填充时的操作方法以及相应的注意事项等。

最后就是如果能掌握上面所说的一切内容的话，那么接下来的数据录入工作就显得没那么难了！

王哥： 说得不错！那你还在这里磨蹭什么，赶紧去找资料啊，忙完了手头上面的事情，你小子还得请我吃饭呢！

第3章

我行我素——数据处理

得到王哥在数据搜集和准备方面的指导之后，小强很顺利地完成了大Boss交待的任务，而且是高效率地递交工作。

但是本以为能获得老板的夸奖，可是充满期待的小强等来的却是老板的一声长长的抱怨。原因倒不是说小强搜集的数据不够好，而是Boss指责他没有明白话中话的意思（图3-1）。

图3-1

老板说要让小强去搜集一下公司产品这段时间内的销售数据，以及竞争对手这段时间内的销售情况数据。小强都照着去做了，可是他最后没有做好数据分析的工作。

本来小强是打算挑战一下自己的能力，不询问王哥直接去做数据分析的。可是这结果证明，他现在还不足以胜任数据分析的工作，所以遇到困难的小强再次来到了王哥的办公桌前。

王哥： 怎么愁眉苦脸的？你小子是不是遇到困难了？

小强： 王哥救命啊，大Boss冲我发火了。我没有经过你的指导自己尝试着把销售数据分析了一遍，结果弄得一塌糊涂……

3.1 数据处理从何入手

出乎小强的意料，王哥的反应倒是很平静。按照王哥的说法，只要老板还能指出你工作中的不足，那就说明他觉得你是个值得培养的人才。要是看你不顺眼，可能连句话都不说。

王哥： 你是怎么分析搜集来的数据的？

小强： 怎么分析的？不就是按照您之前说过的方法将数据整理到一起，然后看看什么时候销售额比较多，什么时候比较少，再与我们的竞争对手对比一下，找出其中产生差额的原因么？

王哥： 你说得好像太过于简单了吧，数据分析哪有你说得那么容易！我猜你根本不知道数据分析应该从哪方面开始入手……

一位优秀的分析师掌握了搜集来的准确有力的数据，就相当于一位优秀的厨师得到了一篮子质量上佳的烹饪材料。看一位厨师合不合格主要还是看他的烹饪技术以及做出来的菜肴美味与否。同样，评价一位数据员是否优秀，关键是看他处理数据，将数据分析总结得如何，而不是单单地看他搜集了多少数据（图3-2）。

图3-2

当人们要做一项数据分析，并且已经拿到了需要的数据时，首先要去做的就是思考如何深入到数据处理当中去。

3.1.1 从格式清理入手

王哥：我想小强你一定知道，即便是搜集的数据得到了准确的筛选，可摆在眼前时，还是让人觉得头晕目眩，棘手万分！数字、字母、杂乱的格式，有的是链接，有的是图片，甚至连声音视频都有……

所以，数据分析处理的时候，我们可以先从格式处理入手！

3.1.2 从位置与对齐方式调整入手

王哥：当我们整理得来的数据格式上过于杂乱时，我们就应该先从数据格式的处理上入手了。

在Excel 2010中，单元格的对齐方式包括左对齐、居中、右对齐、顶端对齐、垂直居中、底端对齐等多种方式，用户可以在“开始”功能区或“设置单元格格式”对话框中进行设置。

3.1.3 从数据堆积分割入手

小强：这些基本上都是指数据的排版方面吧？

王哥：说得不错，其实除了上面那两种入手处理数据的方法外，还有其他方式去入手。

小强：说说看……

王哥：例如，当我们面临的处理数据过于庞大繁杂时，简简单单地从排版入手已经无法解决问题了。为了提高我们数据处理时的效率，必须先从数据的分割与集合方面着手。

3.1.4 从数据重复删除/合并入手

小强： 还有一个问题，不知道是不是因为我搜集的资料太多了，最后我查看Excel汇总后的表格时发现里面有很多重复的数字，我想请问王哥，有没有快速处理重复数字或者行数的方法呢？

王哥： 在2007和2010版本的Excel表格上面有一个“删除重复项”的命令按钮，看来当时你没有发现……

“数据”任务栏中，“数据工具”选项里面的“删除重复项”按钮，单击即可清除选定内容的重复项（图3-3）。

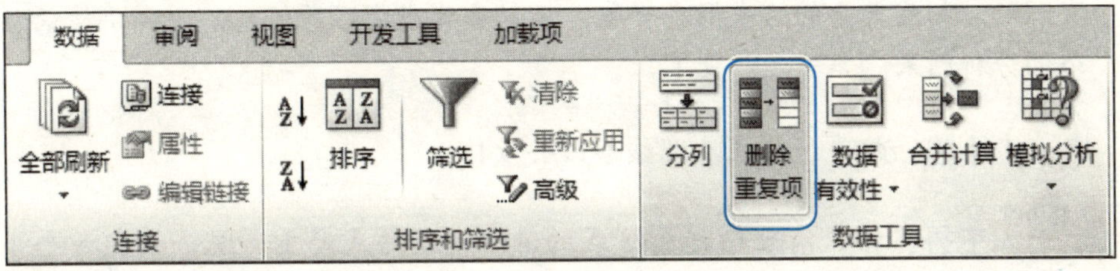

图3-3

小强： 没文化真可怕，为了清除那些相同的数据，我还苦拼了好几个小时呢！那么，数据合并和删除也算得上一种切入方法了吧？

王哥： bingo！处理掉大量冗杂重复的数据，将多个互相联系的数据表格拼接在一起，这是一种很有效的数据处理手段。

王哥： 接下来说说具体操作吧，也算是我倾囊相授的积极表现了。

小强： 多谢王哥栽培，我定当不负你的培养，努力成为数据分析高手！

3.2 数据整理

王哥： 先从格式处理的具体操作说起吧！

3.2.1 几招清理数据中的格式与符号

王哥： 把数据的格式处理得清清楚楚，对于接下来的工作是十分有利的。相反繁杂的格式混在一起，不仅会让我们眼花缭乱，还会干扰最终的分析结果，那可就严重了！

小强： 快说说格式清理该怎么去做！

王哥： 格式清理包括了格式的清除以及格式的重新统一设定两个方面的内容。

关于格式清理，其实很简单！如果你不想保留Excel 2010数据里面的原有格式的话，可以直接将格式全部清理干净。

打开“Excel”表格，选定需要清理格式的数据内容后，再点击“开始”菜单栏里面右角编辑栏里面的 “清除”按钮，即可选定自己想要清理的格式（图3-4）。

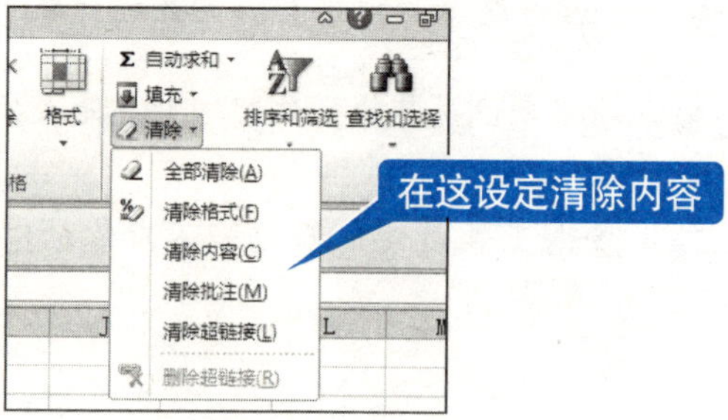

图3-4

王哥：很多时候只将所有数据的格式全部清除远远不够，还得将格式重新设置整理一遍，这就牵扯到了另外一个方面：格式的整体设定。

快速格式化我们可以使用Excel表中“开始”菜单中“样式”栏的命令来进行设定（图3-5）。

然后需要执行高级格式化命令。执行这个操作我们得先选择单元格区域，或确保活动单元格在一个表或数据透视表中。

接着在“开始”选项卡上的“样式”组中，单击“条件格式”旁边的箭头，再然后单击“管理规则”（图3-6）。

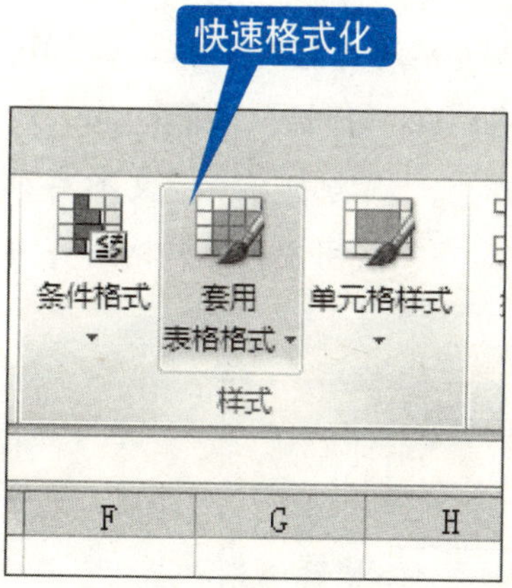

图3-5

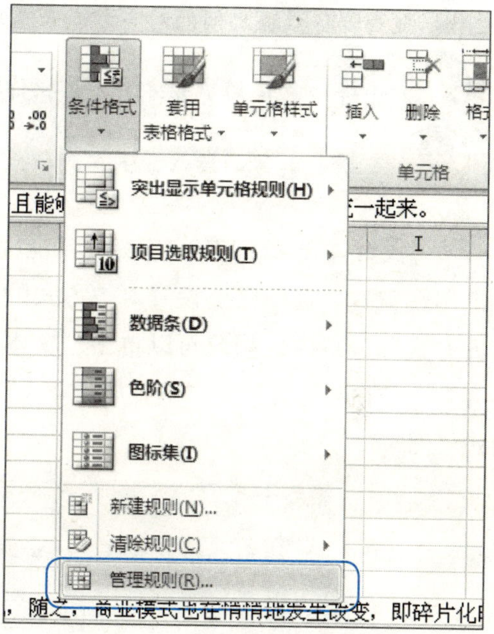

图3-6

将显示“条件格式规则管理器”对话框。在此对话框中就能实现高级格式化命令的设定了（图3-7）。

在“条件格式规则管理器中”，可以自己新建一个规则，设定自己需要的数据格式，从而让数据看起来更加清晰。

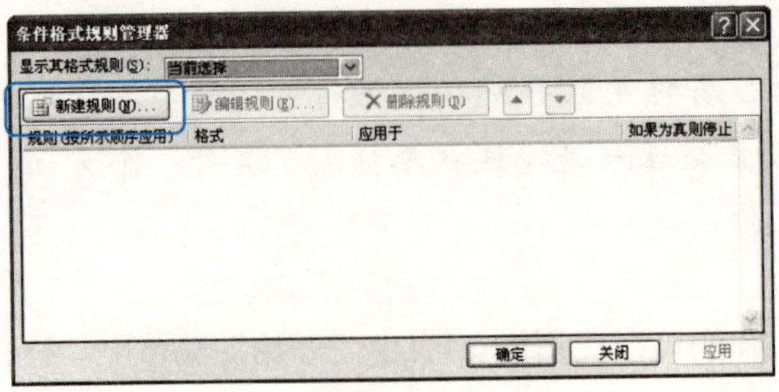

图3-7

3.2.2 快速调整数据对齐方式

王哥： 在排版方面切入的方法除了设置统一数据的格式与符号外，也可以从数据之间的对齐方式来整理。

小强： 具体的步骤方法怎么操作呢？

王哥： 具体的操作方法有两种：

方式1：在Excel 2010“开始”功能区设置单元格对齐方式打开Excel 2010工作簿窗口，选中需要设置对齐方式的单元格。在“开始”功能区的“对齐方式”分组中，用户可以单击“文本左对齐”、“居中”、“文本右对齐”、“顶端对齐”、“垂直居中”、“底端对齐”按钮设置单元格对齐方式（图3-8）。

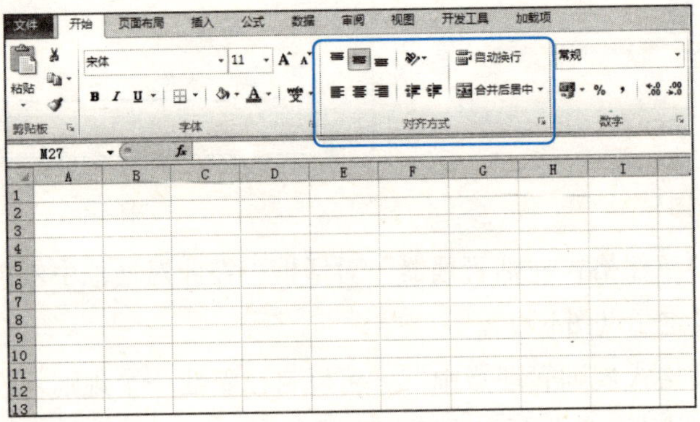

图3-8

方式2：在Excel 2010“设置单元格格式”对话框设置单元格对齐方式。在“设置单元格”中，用户可以获得更丰富的单元格对齐方式选项，从而实现更高级的单元格对齐设置，操作步骤如下所述。

打开Excel 2010工作簿窗口，选中需要设置对齐方式的单元格。右键单击被选中的单元格，在打开的快捷菜单中选择“设置单元格格式”命令（图3-9）。

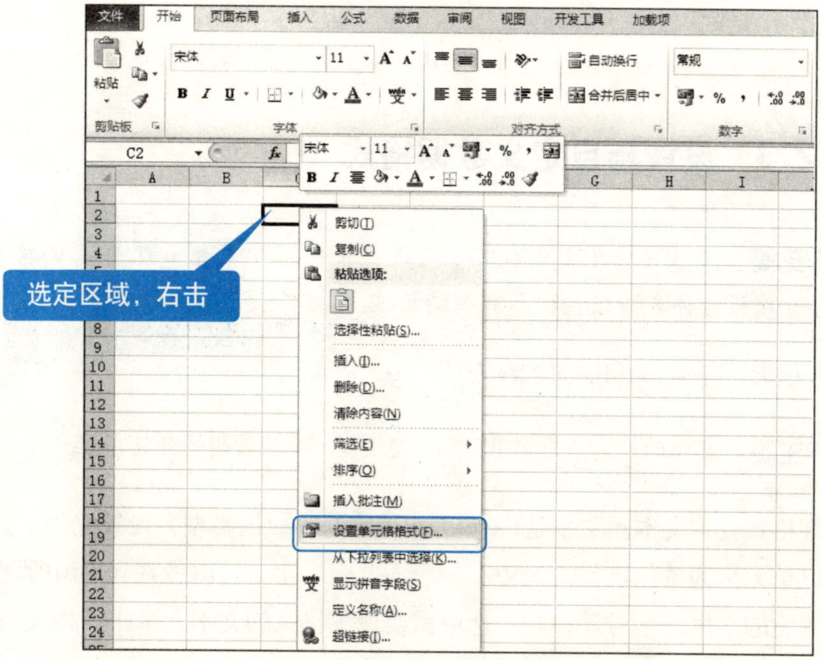

图3-9

在打开的Excel 2010“设置单元格格式”对话框中，切换到“对齐”选项卡。

在“文本对齐”方式区域可以分别设置“水平对齐”和“垂直对齐”方式。其中，“水平对齐”方式包括“常规”、“靠左（缩进）”、“居中”、“靠右（缩进）”、“填充”、“两端对齐”、“跨列居中”、“分散对齐”8种方式；“垂直对齐”方式包括“靠上”、“居中”、“靠下”、“两端对齐”和“分散对齐”5种方式。选择合适的对齐方式，并单击“确定”按钮即可（图3-10）。

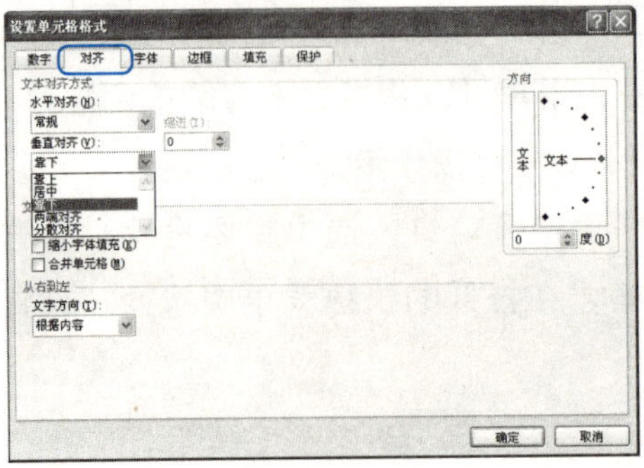

图3-10

3.2.3 设置与自定义数据格式

王哥：其实Excel里面不仅可以设置文字、单元格和工作表的格式，还可以设置许多与数据信息有关的属性。

小强：早就知道Excel很神奇了……

王哥：具体的设定分为常用型和自定义型，先从常用型开始介绍。

常规格式设置文本。文本是Excel工作表的基本数据类型，设置它的格式可以不以单元格为单位进行。选中某一个或几个文字，可以像在Word中那样单独设置它的字体、字号等格式：选中需要设置格式的文本，单击“格式/单元格”菜单，轻松设置即可（图3-11）。

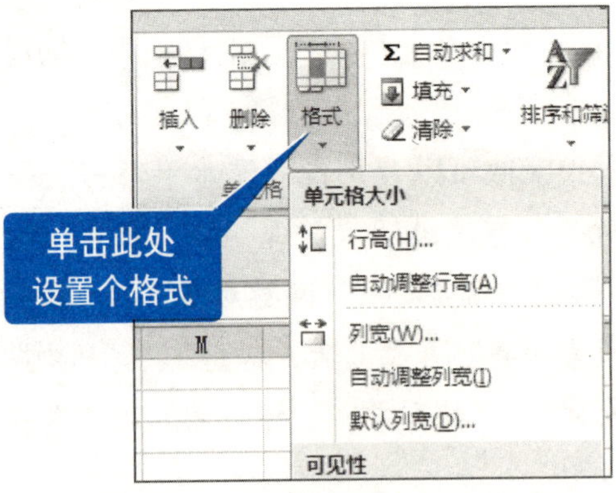

图3-11

如果需要将阿拉伯数字作为文本（如身份证号码）输入，只须事先输入一个“‘”（单引号）即可，也可以选中“分类”下的“文本”，再单击“确定”按钮。

Excel自动将含有汉字或英语字母等字符的数据视为文本，全部由阿拉伯数字组成的数据自动视为数值。为了更好地识别它们，输入的文本自动左对齐，而数值自动右对齐。

全部由阿拉伯数字组成的数据在Excel中称为数值，它是Excel处理的主要对象。在默认情况下，输入Excel单元格的数字使用常规格式，它不包含任何特定的数字格式。

如果要为数值设置更复杂的格式，应选中要设置格式的单元格，然后右击打开单元格设置对话框进行具体的设置格式，这在前面我已经说过。

小强：对，单元格格式的具体统一设置我已经全部记下来了。

王哥：下面就来说说第二点。

自定义数据格式尽管Excel内置的数据格式不算少，但仍然很难满足用户千变万化的要求。为此，它提供了一种自定义格式。

自定义方法选中要设置自定义格式的单元格或区域，选中“分类”下的“自定义”，即可在下面的列表框内选择现有的数据格式，或者在“类型”框中输入要定义的一个数据格式（原有的自定义格式不会丢失）。在后一种情况下，只要自行定义的数据格式被使用，它就会自动进入列表框像内置格式那样调用（图3-12）。

格式表达式的自定义格式很像一种数学公式，它提供了四种基本的格式代码。这些格式代码（称为“节”）是以分号来分隔的，它们定义了格式中的正数、负数、零和文本。

其中正数的格式代码为“#,##0.00”中，“#”表示只显示有意义的零（其他数字原样显示），逗号为千分位分隔符，“0”表示按照输入结果显示零，其中“0.00”小数点后的零的个数表示小数位数。

负数的格式代码为“[Red]-#,##0.00”。其中“-”表示负数，可选项[Red]

定义负数的颜色，可以输入“黑色”、“蓝色”、“青色”、“绿色”、“洋红”、“红色”、“白色”或“黄色”，其他字符的意义和正数相同。

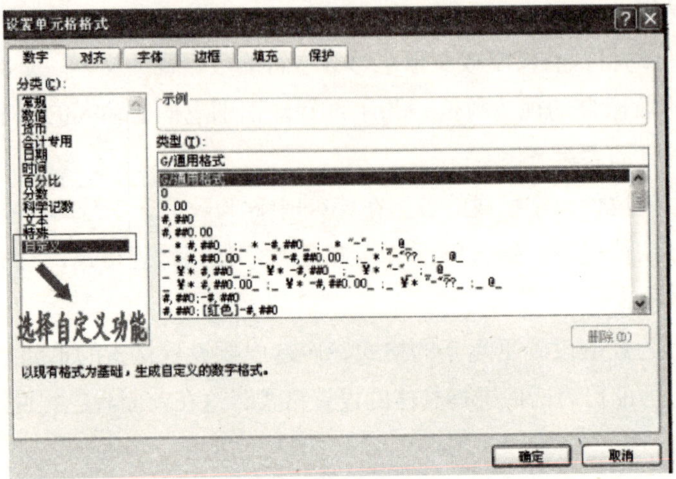

图3-12

零的格式代码为“0.00”，其中小数点后面的“0”的个数表示小数位数；文本的格式代码为“TEXT”“@”（或“@”“TEXT”），TEXT为文本字符串，@的位置决定TEXT在前面还是后面显示。

王哥：四种格式代码联合使用时，代码应按正数、负数、零和文本的顺序排列。

3.2.4 数据重复不用愁

小强：王哥，记得您曾经和我说过快速处理重复数字或者行数的方法。

在“数据”任务栏中，“数据工具”选项里面的“删除重复项”按钮，单击即可清除选定内容的重复项（图3-13）！

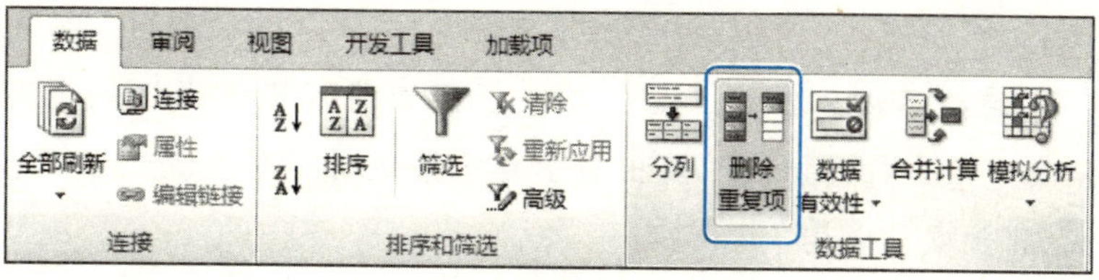

图3-13

小强：那么去除重复还有其他的方法么？

王哥：还有高级筛选命令，就在“数据工具”命令的左边的“排序和筛选”里面。在高级筛选对话框中“选择不重复的记录”按钮，然后设定列表范围，点击“确定”按钮就可去除重复数据（图3-14）。

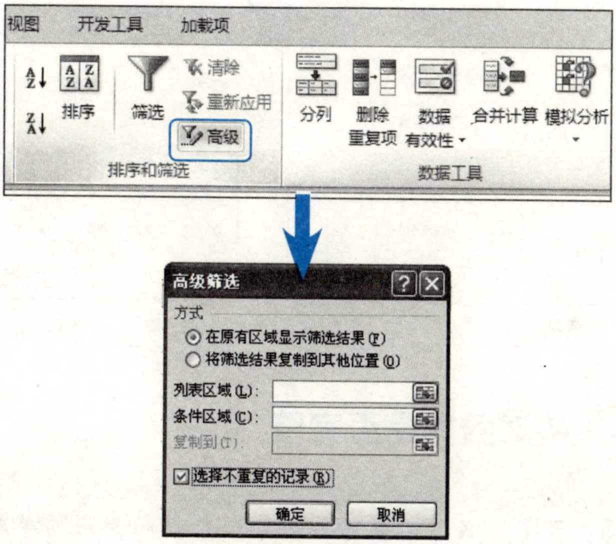

图3-14

王哥：我们也可以从源头抓起，在你进行数据录入的时候就设定好把重复的数据清除。

小强：您的意思是“防范于未然”吧。

王哥：不错，在“开始”菜单栏里面找到“样式”—“条件格式”命令，单击打开，在“突出显示单元格规则”那一栏选择“重复值（D）”命令进行设置（图3-15）。

在弹开的命令对话框中就可以进行相应的设定了，注意这个命令只是说发现并指出重复数据，而不是清除（图3-16）。

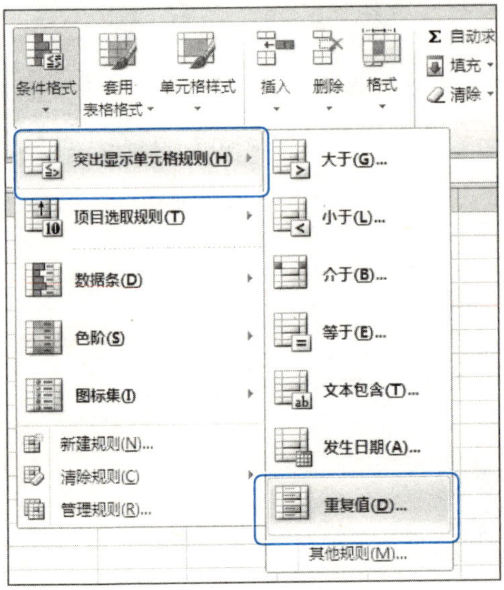

图3-15

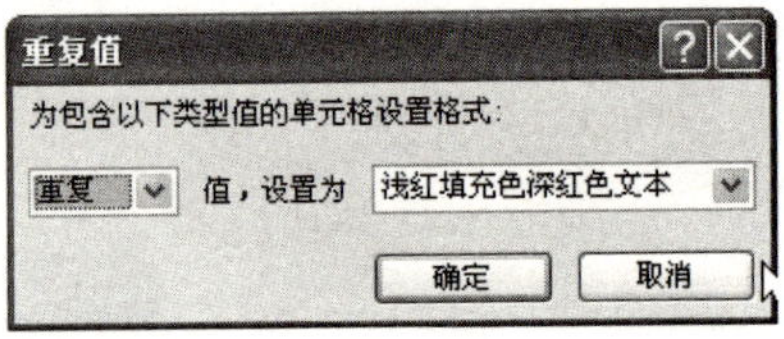

图3-16

3.2.5 核对数据是否完整

王哥：说了这么多，这回你该知道数据的一些简单处理方法了吧？

小强：嗯，等我回去慢慢理解透吧，对了，还有一个问题就是怎么确定已处理数据的完整性呢？

王哥：数据的完整性？这得牵涉到数据的核对了。不过数据的核对也是一项比较重要的处理流程，我来具体说说吧。

首先，我们得弄懂什么叫做数据的完整性，数据完整性是指一个数据集合完全、正确和一致的程度。它包括三种定义，分别是实体完整性、参照完整性以及用户定义的完整性约束，其中前两种完整性约束由关系数据库系统自动支持。

在日常录入数据的时候我们常常会遇到数据在表格中无法完整表现的情况。

小强：对，特别是录入什么身份证号码，家庭住址，很长又难以表现，拉长单元格长度又会使表格变得冗长繁杂。

王哥：所以，这个时候就得将Excel表格数据的完整性设定一下了（图3-17）。

图3-17

1. 全屏显示

操作方法：选择“视图/全屏显示”命令。这时整个屏幕上除了必需的菜单栏、行标、列标和工作表名称外，屏幕的其他绝大部分都被用来显示数据。

2. 改变“显示比例”

操作方法：选择“视图/显示比例”命令打开“显示比例”对话框，在对话框中提供了对显示比例的多种选择，其中“恰好容纳选定区域”可以对数据细节显示效果进行折中，保证了数据显示的完整性（图3-18）。

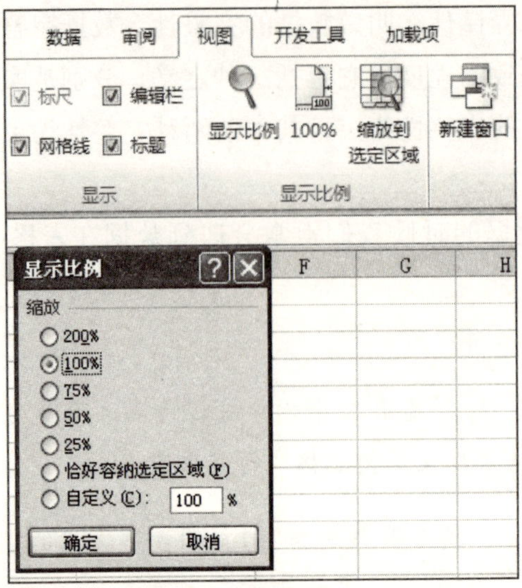

图3-18

3. “拆分”工作表

在Excel中，可以根据需要将窗口水平“拆分”成左右两个窗格，或垂直“拆分”成上下两个窗格，或同时在水平和垂直两个方向上将窗口“拆分”成四个窗格。水平“拆分”操作方法：在欲拆分位置选定列，选择“窗口/拆分”命令；垂直“拆分”操作方法：在欲拆分位置选定行，选择“窗口/拆分”命令；双向“拆分”操作方法：在欲拆分位置选定单元格，选择“窗口/拆分”命令。

特别注意：“拆分”后的每个窗格都可以通过滚动条定位到所希望的数据位置，拆分工作表并不是将工作表中的数据分割成多个部分，而是在完整的工作表上开设了多个观察孔，从任意一个窗格中都能查看到工作表的全部数据。因此，“拆分”工作表常用于阅读数据时进行相互参照。

4. 冻结窗格

冻结窗格同“拆分”工作表类似，也可以在水平方向、垂直方向或双向同时进行冻结。方法与“拆分”类似，这里不再赘述。“冻结窗格”后，冻结位置上方的行和左边的列将不再参与滚动，在发生滚动时，为工作表中的其他数据提供参照，从而保证了数据查看时的完整性。

3.2.6 Excel数据校对

王哥： 小强，如果数据整理好了之后，为了确保其正确性，你准备怎么去做校验呢？

小强： 难道一个个地去核对，去计算……？应该不是，如果我选择了这种方法，王哥您又得骂我傻了。

王哥： 不错，在数据的核对方面，我极力推荐你使用公式审核法。

有时，我们录入的数据是要符合一定条件的。例如，对于公司人员每月上班的天数而言，其中的数据通常是0～31之间的某个数值。但是，在录入时由于错误按键或重复按键等原因，我们可能会录入超出此范围的数据。那么，对于这样的无效数据，如何快速将它们“揪”出并予以更正呢？让我们用公式审核法来解决这类问题。

首先，打开一张需要统计的Excel表格，选中数据区域（注意：这里的数据区域不包括标题行或列），单击“数据→有效性”命令，进入“数据有效性”对话框。在“设置”选项卡中，将“允许”项设为“小数”，“数据”项设为“介于”，并在“最小值”和“最大值”中分别输入“0”和“30”（见图），最后单击“确定”退出（图3-19）。

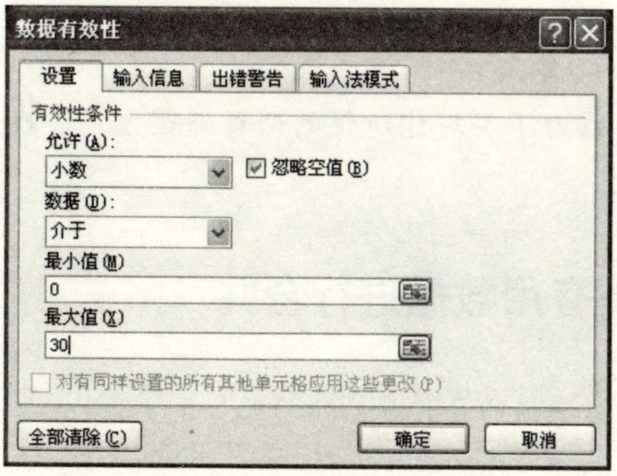

图3-19

接着，执行“数据—数据有效性—圈释无效数据”命令，直接单击“圈释无效数据”按钮即可。此时，我们就可看到图3-20中的所有无效数据立刻被红圈圈识出来了。

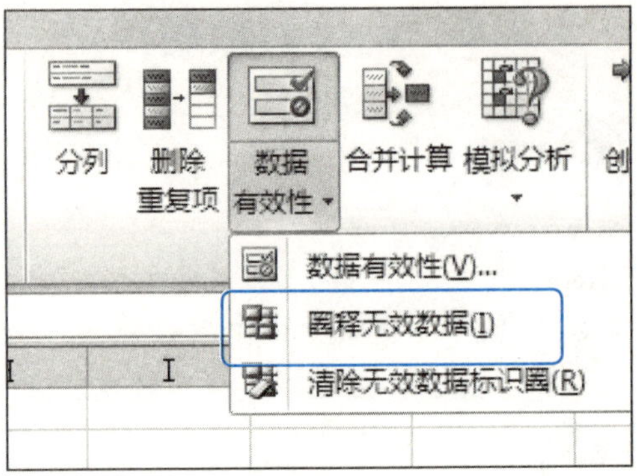

图3-20

3.3 数据合并与分割

王哥：日常我们处理数据的时候经常遇到那种“体态臃肿”的贵妇型Excel表格或者是数据库，或者有些时候遇到“多如牛毛”的细小繁杂型数据集合表。

小强：当遇到那种巨大的整体性数据表的时候我真想将它们切成一瓣一瓣的来处理，而那些繁杂琐碎的表格呢，恨不得立刻捏成一团！

王哥：所以为了实现你所说的两种处理方式，我们就得学会数据的合并与分割了。

3.3.1 将有用数据进行合并

小强：先从数据的合并开始介绍吧！

王哥：当一个工作簿里面有多个工作表，各工作表之间的字段是一致的，但数据不一致。

由于工作需要，需要将各个工作表的数据汇总到一个表格里面做汇总分析，数据少、工作表数目不多的时候，使用Ctrl+C和Ctrl+V组合键逐个复制、粘贴是可以的，但数据量大、工作表数据多的时候，则可以用宏进行快速处理。

小强： 宏？

王哥： 或许对于菜鸟来说，“宏”这个概念的确很陌生，但是想成为一名优秀的数据分析人员，宏是必须得掌握的一项技能。

计算机中所谓的“宏”其实是指计算机科学里的一种抽象的，根据一系列预定义的规则替换一定的文本模式。

Excel 办公软件自动集成了“VBA”高级程序语言，用此语言编制出的程序就叫“宏”。

使用“VBA”需要有一定的编程基础和耗费大量的时间，因此，绝大多数的使用者仅使用了Excel的一般制表功能，很少使用到“VBA”。

小强： 好像有点明白了，不过先记下来慢慢揣摩！

王哥： 使用宏的步骤是：

➔ 首先需要录制宏

打开Excel 2010表格后，在菜单栏中间选择“开发工具”选项，找到里面的“宏”按钮，点击后就会弹出名为“宏”的对话框（图3-21）。

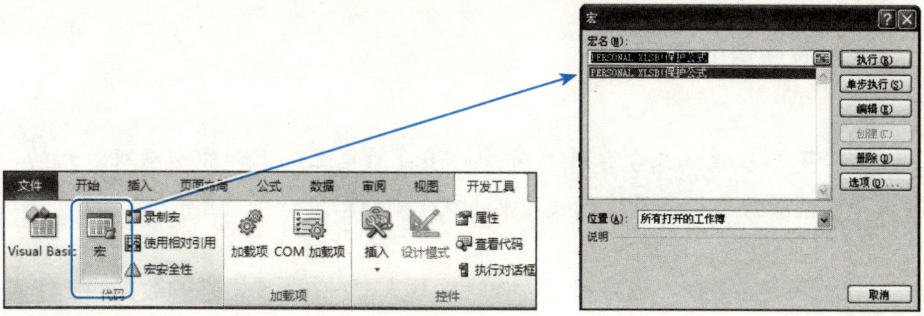

图3-21

在“宏名”中按照自己喜好录入一个名称。这里录入“合并工作表”的名称，“位置”是指该宏可以在哪个Excel工作簿中使用，这里选择“当前工作簿”，然后点击“创建”，然后将会出现这个界面（图3-22）。

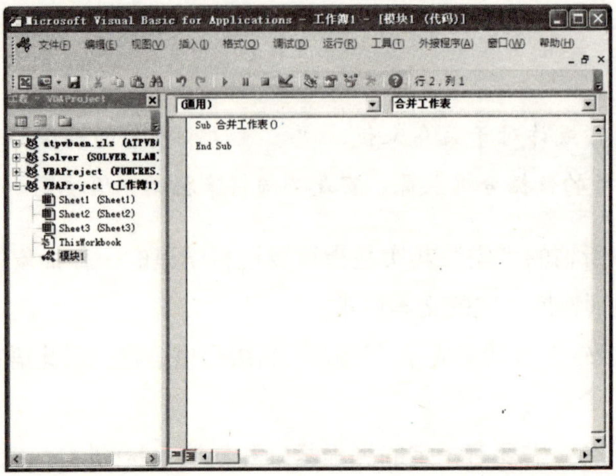

图3-22

在“Sub 合并工作表()”下面，将找到的宏命令字符粘贴进去。当然我不是说你得自己去编写VBA或者是C语言，咱可以上网查找宏命令语言，然后粘贴进去，就可以了。

然后，点击“文件”菜单，选择“关闭并返回到Microsoft Excel”。宏至此录入完毕。

紧接着就可以使用已录制好的宏“合并工作表”，进行工作表的数据汇总。在菜单栏中间选择“开发工具”选项，找到里面的“宏”按钮，弹出“宏”对话框之后，直接点击执行命令，就可以实现工作表的合并了。

➜ 应注意的问题：

王哥： 说点关于合并宏命令的字符问题吧，正如你刚刚所看到的这些复杂的数字和字母组成的玩意儿就是所谓的宏命令（图3-23）。

我想强调的是这一段字符“Form = 2 To 6”，由于要汇总的数据的工作表有5个，加上“合并报表”这个工作表本身，一共是6个工作表，因此“Form

= 2 To 6”中选择输入6，如果后面要汇总的数据工作表有3个，则是录入4，如果有12个，则是录入13，依次类推。

```
Dim m As Integer
Dim n As Integer
Dim o As Integer
For m = 2 To 6
    n = Sheets(m).[a65536].End(xlUp).Row
    o = Sheets(1).[a65536].End(xlUp).Row
    Sheets(m).Select
    Range("a1", "z" & n).Select
    Range("a" & n).Activate
    Selection.Copy
    Sheets(1).Select
    Range("a" & o + 1).Select
    ActiveSheet.Paste
Next
```

图3-23

小强： 您是在说，虽然宏用起来很方便，但是我们在创建的时候应该注意宏语言的修改问题？

王哥： 除了使用“宏”以外，还可以使用Excel表格进行直接合并。

首先我们得将需要合并的两张数据表的对应数据行列顺序调整一致，这个很重要。例如，sheet1中的编号为123110的销售员在第二行，则其在sheet2中的位置也要在第二行，以此类推。

然后，在sheet3中A1单元格中输入：=Sheet1!A1，然后按住填充柄拖动（就是当鼠标挪至单元格右下角时变为黑色十字形状时，就可以按住拖动填充），拖动之后就能实现表格的合并了。

最后一步就是调整相应的格式。

3.3.2 将跨行跨列数据进行合并

王哥： 我所介绍的“宏”是处理不同工作表的合并问题，如果说数据同处于一个工作表内，但是需要将跨行跨列的数据进行合并，这样做的话就得用另外的方法了。

有分列就有合并，如果需要将Excel表格中的多列数据显示到一列中，可以用合并函数来实现。如果希望将B列数据和C列数据组合型显示到D列中（中间添加一个“-”符号），一个“&”就搞定了（图3-24）。

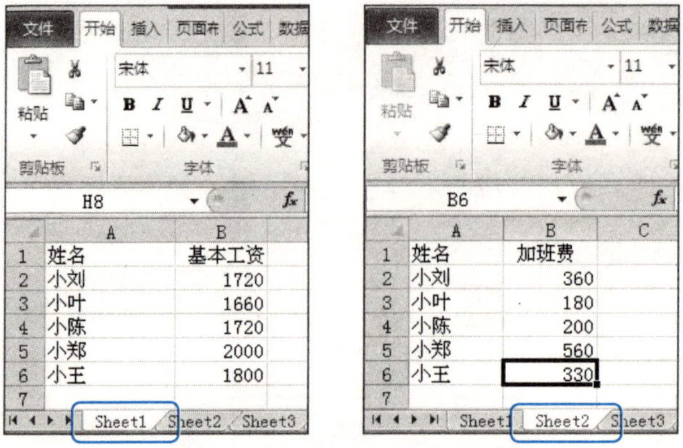

图3-24

选中D1单元格，输入公式：=B1&"-"&C1，确认一下；然后用“填充柄”将其复制到D列下面的单元格中即可。

注意 如果把上述公式修改为：=CONCATENATE(B1,"-",C1)，同样可以达到合并的目的。

王哥： 如果是想汇总不同工作表中的数据的话，也可以使用“SUM”函数。例如，要统计出这两份基本工资表和加班费表中某位员工工资总数的话，就要在C2处输入=SUM（sheet1！B2+sheet2！B2），然后就能计算出小刘工资总数（加班费+基本工资）。在拖动格式刷，就能轻易知晓其他人的情况（图3-25）。

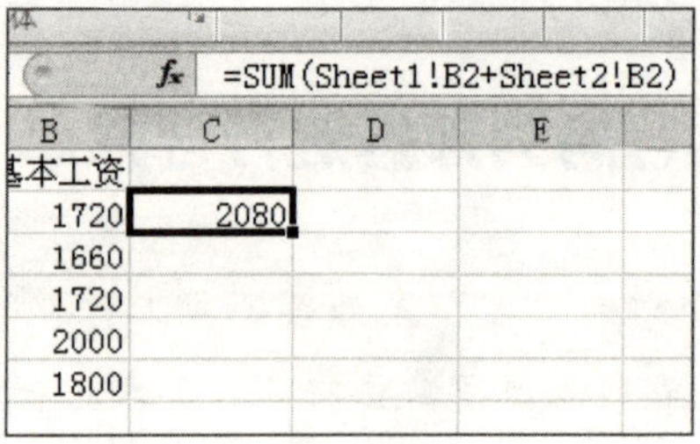

图3-25

3.3.3 将复杂数据分列成多列显示

小强： 有些时候会遇到令人很无语的数据，我把它们直接导入Excel表格之后，突然发现某一列的数据长得离谱，所以我就在想有没有什么办法将同一列中的复杂数据分成多列显示呢？

➜ 直接分列法

王哥： 这个简单，你选定要分裂开的一列数据，然后再去菜单里的“数据”命令栏里寻找“分列”选项，点开之后就会出现一个“文本分列向导”对话框。

选“固定宽度”或“分隔符号”（图3-26）。

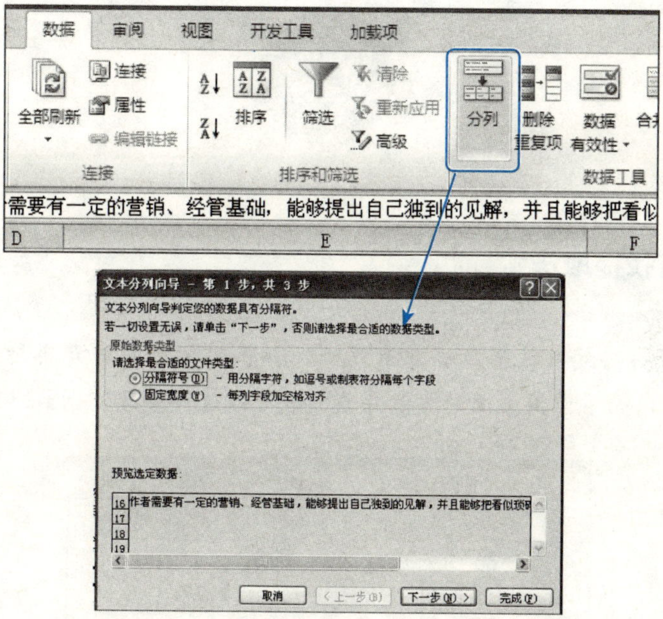

图3-26

如为前者则单击“下一步”后只要用鼠标轻点资料即可以按任意宽度进行分割了，如为后者则只要有明显的分隔符号即可；单击“下一步”后就可以自定义刚分列的格式了，定好后就算完成了。

有很多次，我从网页上或E-mail中复制数据到Excel，结果却是原来的每一行在Excel中只占一个单元格。如果数据量大，没有“分列”功能简直就没法做。对于不规则的数据，这一招尤为有效。

小强：那除了这个方法外，还有没有其他的数据分列的办法了呢？

王哥：不用直接分列法那也很好办，其实除了前面介绍过的直接提取法以外，我们还可以使用查找提取法和统计提取法来进行分列（图3-27）。

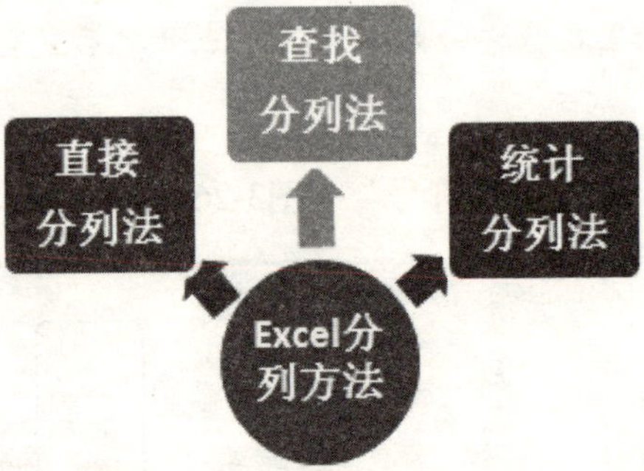

图3-27

查找提取法

王哥：就拿这张数据表来说吧，如果想把它的出产商和产品类别分开的话，除了使用上面的方法外我们也可以这样处理（图3-28）。

B7 | 458

	A	B	C
1	产品	销量	
2	T314手机	1200	
3	CET7手机	956	
4	lenovo电脑	230	
5	apple笔记本	150	
6	samsung数码相机	389	
7	sony相机	458	

图3-28

Step 01 在B列右侧插入两列空白列，用于保存提出的字符。

Step 02 选中C2单元格，输入公式：

```
=LEFT(A2,FIND("-",A2)-1)。
```

注意

上述公式的含义是：先用“FIND”函数查找间隔“-”号在字符串中的位置，然后用“LEFT”函数从字符串左侧开始，提取至间隔“-”号的字符串（即英文字符串，其中“-1”，是为了去掉间隔“-”号）。

Step 03 选中D2单元格，输入公式：

```
=RIGHT(A2,LEN(A2)-FIND("-",A2))
```

注意

也可以在D2中输入公式：=REPLACE(A14,1,FIND("-",A14),"")。本公式的含义是，用空字符（""）替换到原字符串中的英文字符（图3-29）。

C2　=LEFT(A2,FIND("-",A2)-1)

	A	B	C	D	E
1	产品	销量			
2	T314-手机	1200	T314	手机	
3	CET7-手机	956	CET7	手机	
4	lenovo-电脑	230	lenovo	电脑	
5	apple-笔记本	150	apple	笔记本	
6	samsung-数码相机	389	samsung	数码相机	
7	sony-相机	458	sony	相机	

图3-29

Step 04 同时选中C2和D2单元格，然后将鼠标移至D2单元格右下角，成“细十字线”状时（通常称之为“填充柄”），按住鼠标左键向下拖拉，将上述公式复制到C列和D列下面的单元格中，完成B列其他单元格中字符的分列。

→ 统计提取法

小强： 这个方法也得用到公用的提取符号啊，如果遇上了没有共同的特殊符号还要分列的数据，那岂不是没辙了？

王哥： 别急，我接下来所说的第三种方法就是解决那种情况的。对于统计提取法，如果说这张表里面没有“-”符号的话（图3-30），可按如下步骤操作：

B7　fx　458

	A	B	C
1	产品	销量	
2	T314手机	1200	
3	CET7手机	956	
4	lenovo电脑	230	
5	apple笔记本	150	
6	samsung数码相机	389	
7	sony相机	458	

图3-30

Step 01 在B列右侧插入两列空白列，用于保存提出的字符。

Step 02 选中C2单元格，输入公式：

```
=LEFT(A2,2*LEN(A2)-LENB(A2)-1)。
```

注意 上述公式的含义是：先用LEN、LENB函数统计出字符串的字符数的（对于双字节字符，如“汉字”，LENB按数值“2”进行统计，LEN按数值“1”进行统计），然后用LEFT函数进行提取（“-1”同样是为了去掉间隔“-”号，如果没有间隔号，就不需要“-1”了）。

Step 03 选中D2单元格，输入公式（图3-31）：

```
=RIGHT(A2,LENB(A2)-LEN(A2))
```

C2　fx　=LEFT(A2,2*LEN(A2)-LENB(A2)-1)

	A	B	C	D	E	F
1	产品	销量				
2	T314手机	1200	T31	手机		
3	CET7手机	956	CET	手机		
4	lenovo电脑	230	lenov	电脑		
5	apple笔记本	150	appl	笔记本		
6	samsung数码相机	389	samsun	数码相机		
7	sony相机	458	son	相机		
8						

图3-31

Step 04 同时选中C2和D2单元格，用“填充柄”将上述公式复制到C列和D列下面的单元格中即可。

注意 采取方法二和方法三分列数据后，如果打印时不需要打印原数据列（即A列），可以根据实际需要，选择下面两种方法中的一种来解决：

①选中A列，右击鼠标，在随后弹出的快捷菜单中，选“隐藏”选项，将A列隐藏起来，再进行打印就行了。②同时选中C列和D列，执行复制操作，然后选中C列，执行“编辑→选择性粘贴”命令，打开“选择性粘贴”对话框，选中“粘贴”下面的“数值”选项，确定返回。再删除A列，进行打印就可以了（图3-32）。

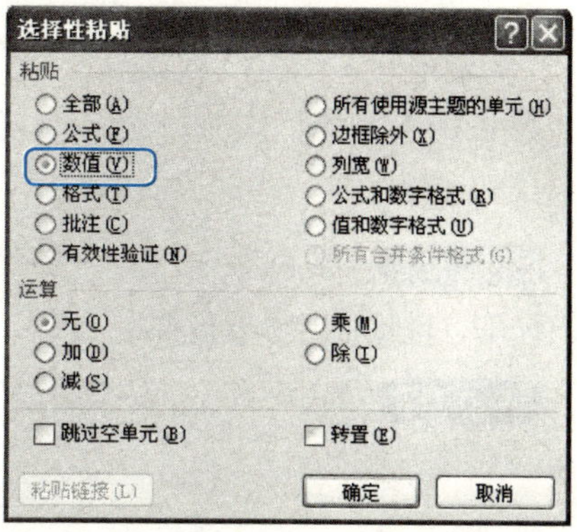

图3-32

小强： 果然功能很强大！掌握了这三种方法的话，在数据分列方面我可以“为所欲为”了……

3.3.5 从庞大的数据中提取有用数据单独显示

小强： 万一哪天我得到了一批资料，里面有产品的型号、出产地，以及不同的产品在不同地区不同时间段的销售量情况，如果将这么繁杂的数据拿给大Boss看的话，肯定会被Boss瞬间“秒杀”！那怎样才能从总表中把我所需要的有用信息表格给提取出来呢？

王哥： 提取固定字节的LEFT函数以及通过指定数据查找匹配内容的VLOOKUP函数，使用这两个函数就能轻松解决问题。

例如，我们接下来处理图3-33所示的这张表格。

G7 　 f_x 13%

	A	B	C	D	E	F	G
1	产品	销量	销售员	销售地区	单价	预计销售	业务提成
2	T314手机	1200	周晓	市东区	950	1100	8%
3	CET7手机	956	林秀	市南区	856	1000	9%
4	lenovo电脑	230	王洵	市中心	4568	500	10%
5	apple笔记本	150	刘丽	市北区	9653	400	11%
6	samsung数码相机	389	展播	市西区	2563	350	12%
7	sony相机	458	钱喜	市郊区	3625	450	13%
8							

图3-33

假设Boss是想让你制作产品的销售量和预计销售量的对比表，可以使用函数进行提取。

Step 01 现在数据表外重新选定一列，假如从A9开始，使用LEFT(A1,11)来取出所要产品的名称，用公式填充即可完成。

Step 02 其中A1表示该处选定上表数据的位置，11表示所取数据的字符最大长度（图3-34）。

A9 　 f_x =LEFT(A1,11)

	A	B	C	D
1	产品	销量	销售员	销售地区
2	T314手机	1200	周晓	市东区
3	CET7手机	956	林秀	市南区
4	lenovo电脑	230	王洵	市中心
5	apple笔记本	150	刘丽	市北区
6	samsung数码相机	389	展播	市西区
7	sony相机	458	钱喜	市郊区
8				
9	产品			
10	T314手机			
11	CET7手机			
12	lenovo电脑			
13	apple笔记本			
14	samsung数码相机			
15	sony相机			

图3-34

用此命令可以选出自己想要的任何一列数据。

Step 03 使用VLOOKUP函数。

选择B9单元格，在其中输入函数VLOOKUP的公式：指定的数据，提供查找的数据表，需返回值的列号，逻辑值True1或False0。

例如，在B9~B15区域我们需要输入销量数据，那么就可以直接在B9单元格内输入：=VLOOKUP(A10,A1：G7,2,0)。

输入之后按回车，就能得到想要的数据了（图3-35），再进行公式填充即可完成整列数据的填充。

小强： 又学了一个新函数VLOOKUP。

王哥： 在表格内容比较繁杂的时候使用这个方法既准确，又能节省时间，是数据处理必会函数。

B10 =VLOOKUP(A10,A1:G7,2,0)

	A	B	C	D	E
1	产品	销量	销售员	销售地区	单价
2	T314手机	1200	周晓	市东区	9
3	CET7手机	956	林秀	市南区	8
4	lenovo电脑	230	王洵	市中心	45
5	apple笔记本	150	刘丽	市北区	96
6	samsung数码相机	389	展播	市西区	25
7	sony相机	458	钱喜	市郊区	36
8					
9	产品				
10	T314手机	1200			
11	CET7手机	956			
12	lenovo电脑	230			
13	apple笔记本	150			
14	samsung数码相机	389			
15	sony相机	458			

图3-35

王哥： 关于数据的合并与分割基本上就是这些内容了，下面我要教你的就是数据加工环节应该掌握的技巧了。

3.4 数据加工

小强： 数据的加工？那前面说的那些内容都不属于数据的加工么？

王哥： 前面也是，不过之前所说的主要都是针对于加工数据的格式以及汇总提取等内容，接下来告诉你的是数据处理加工的一些其他方法。

3.4.1 对数据进行转置

在使用Excel时，当编辑一张表格后，若发现该表格列数太多，而行数太少，可使该表格的行列互换，以方便地打印在A4纸上。以下的方法让你在Excel中实现表格的行列转置，即列变为行，行变为列（图3-36）。

图3-36

➔ 利用选择性粘贴实现转置

启动Excel。打开需要的工作簿，在当前工作表中，选中需要进行行列转换的单元格区域，如C1：G7。

单击“编辑”菜单中的“复制”命令。

单击要存放转置区域单元格，鼠标右击在弹出的对话框中寻找到转置命令，然后再单击“确定”按钮，则行列转置后的表格出现在A9：G13单元格区域。就完成了表格的行列转置（图3-37）。

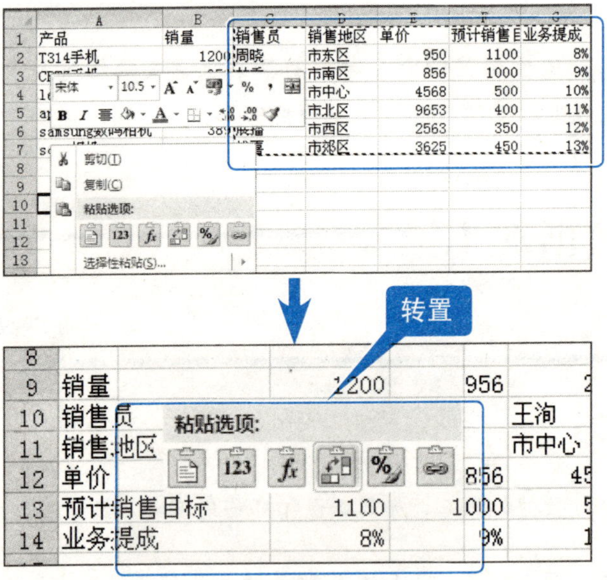

图3-37

需要注意的是，如果原区域中含有取决于其他单元格内容的公式，还必须选中“选择性粘贴”对话框中的“数值”选项。

该选项把公式转化为数值，存放在要粘贴的区域中。如果不选中“数值”选项，其结果要取决于源区域公式指向的位置，而且通常是不可预知的，并且也不是所希望的结果。

利用工作表函数Transpose实现转置

王哥：除了利用第一种方法外，我们还可以借助Transpose函数实现行列的转置，步骤如下：

Step 01 对现存的数据区域的行数和列数进行计数如图3-38所示，C1：G7区域共7行，5列。

Step 02 选择全部是空白单元格的区域（如A9：G13），新区域的列数应该与原区域的行数相同。行数与源区域的列数相同。

Step 03 在“公式编辑栏”中输入“=Transpose(C1：G7)”。

Step 04 同时接下组合键Ctrl+Shift+Enter，以数组的形式输入公式，就得到新的数据区域（图3-38）。

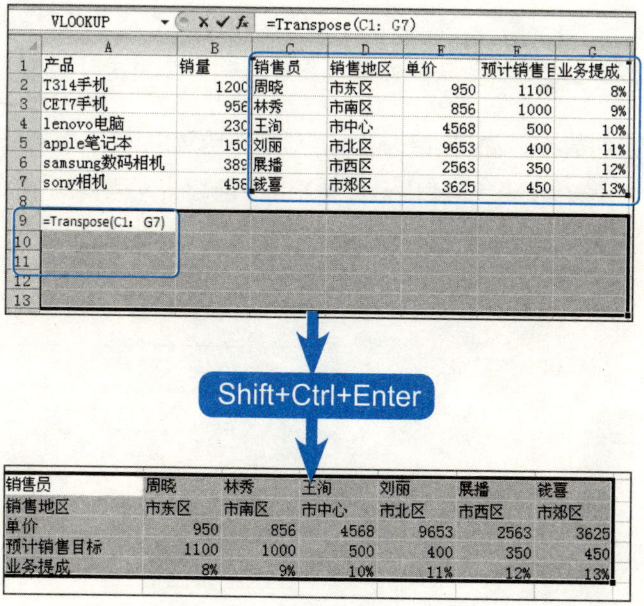

图3-38

上述方法最终巧妙地得到了转置的区域。看上去就好像使用了菜单中的“编辑”中的“选择性粘贴”命令，但是有两个非常重要的不同点：

1）无论原数据区域是包含数值，还是包含指向其他单元格的公式，都可以对这个区域实现转置。

2）存在一个可变公式，即非静态数值。因此，如果源区域中的数值发生改变，在转置区域中的数值也会发生变化。

小强： 数列变成横行，二者这么轻易就可以互换，Excel真神！

王哥： 使用Word与Excel进行互换。也可以实现竖列与横行的转换。利用的无非就是Word的格式转换以及Excel的文本录入，这里就不多说了。

3.4.2 对数据进行简单计算

小强： 既然说到数据的处理，肯定要提到数据的具体计算技巧。

王哥： 对，接下来我们就来讲讲数据的简单计算技巧。在Excel中对复杂的数据进行运算一般都会借助各种函数来进行（图3-39）。

对于一系列数字，如果求和就得用到求和函数SUM，如果是计算平均数就得用到平均函数average，找出最大数用max函数 ，找出最小值则是用min函数，可以通过插入函数来实现（图3-40）。

图3-39

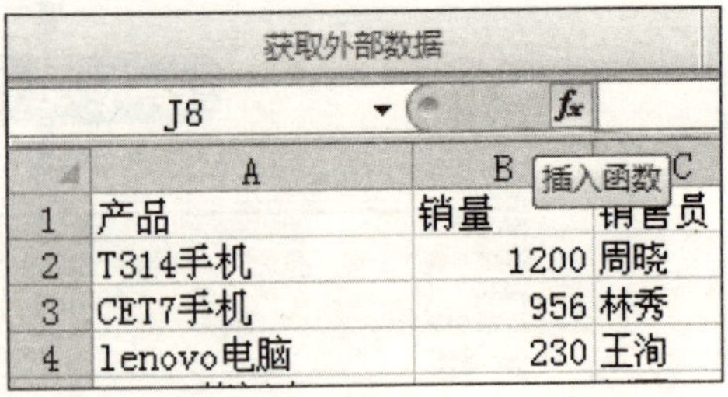

图3-40

小强： 您的意思是不管数字再多，使用简单的函数运算都能快速地解决？

王哥： 是的，点击插入函数按钮“fx”即可从弹出的命令框中选择各种对应的函数。这在之前我们使用一些函数命令的时候也提到过（图3-41）。

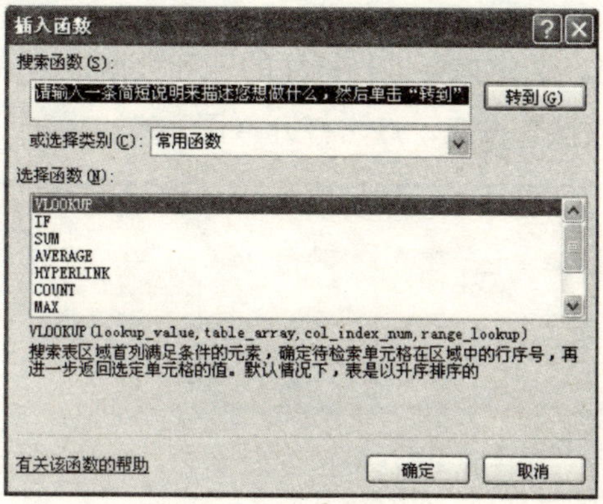

图3-41

3.4.3 数据标记

王哥： 在前面我们也说过了数据的简单校对，同理，这数据校对方面的应用也可以使用到数据标记上面来。

小强： 嗯，例如，将错误的数值看成需要标记的数，那么校对就等于是数据标记了嘛。

王哥： 很聪明，让我来具体说说这数据标记还有哪些未介绍到的用法吧。

把之前拿到的商场电子产品销售表进行数据标注，如果我们想在“销量”一栏标注出数量少于300的数据，那么就可以按照这样的步骤来做（图3-42）。

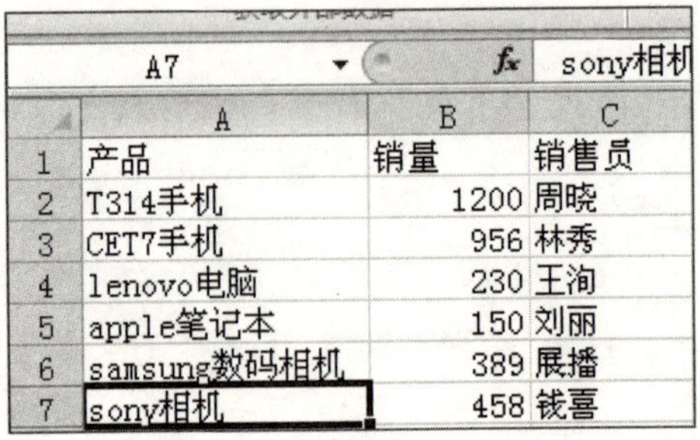

	A	B	C
1	产品	销量	销售员
2	T314手机	1200	周晓
3	CET7手机	956	林秀
4	lenovo电脑	230	王洵
5	apple笔记本	150	刘丽
6	samsung数码相机	389	展播
7	sony相机	458	钱喜

图3-42

Step 01 首先，选定需要进行标注的一列数据，然后在“数据”命令栏中寻找到“数据有效性”按钮，点击打开（图3-43）。

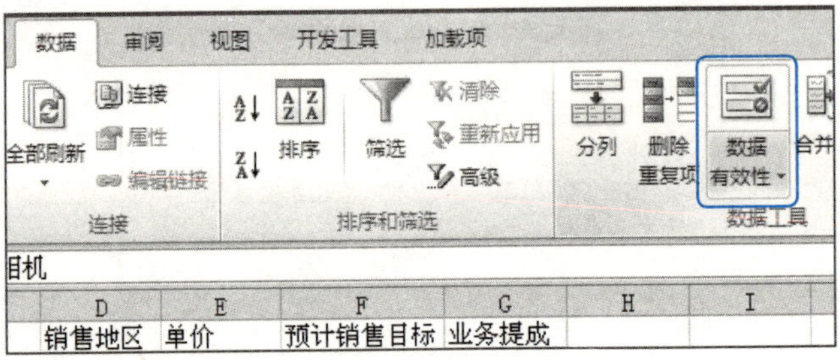

图3-43

Step 02 点开选择“数据有效性”按钮，就会弹出一个名为“数据有效性”命令对话框，在里面选择“设置”—“允许”—“整数”—确定数字的范围（输入最小值和最大值）。

例如，我们可以输入最小值为300，最大值为2000，因为想要标注出来的数字在这个范围内（图3-44）。

Step 03 点击“确定”按钮后，再在“数据有效性”命令的复选框下选择“圈释无效数据”，单击“确定”按钮即可将销售数值中小于300大于2000的标注出来（图3-45）。

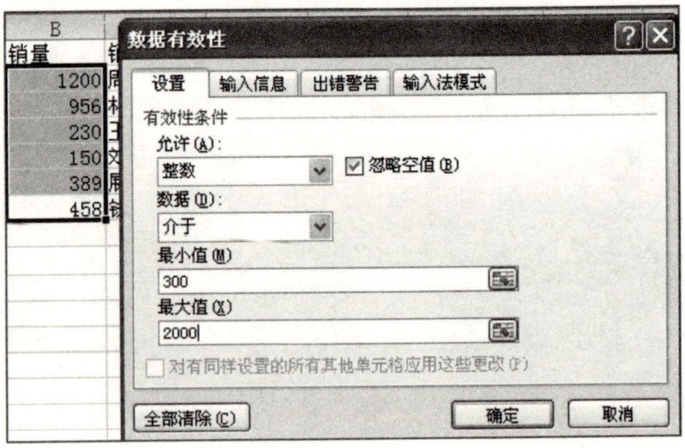

图3-44

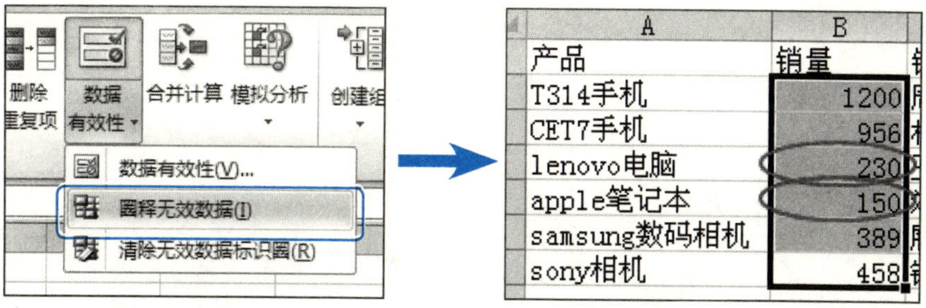

图3-45

王哥：基本上数据的标注、错误数据的显示都可通过这种方法快速解决。

小强：这一回又受教了！

3.5 总结

王哥：哦，听小强你的口气，好像是说自己这一次又学到了不少知识，那你具体说说看我前面讲了多少内容？

小强：好，我把您教我的知识大致加以总结。

首先，讲了数据处理方面的技巧问题，从数据处理入手、数据的整理、数据的分割与合并、数据的加工四个大方向讲解。

数据处理的入手可以从格式清理、位置与对齐方式、数据的堆积和分割、数据删除重复与合并四个方式进行。

数据的整理主要介绍了数据格式之间怎样互相转换，以及如何让数据看起来更加一目了然。重点内容包括：格式与符号的整理、数据对齐方式的具体调整、数据格式的设置，如何处理重复的数字以及怎么去核对整理好的数据，也就是数据的校对问题（图3-46）。

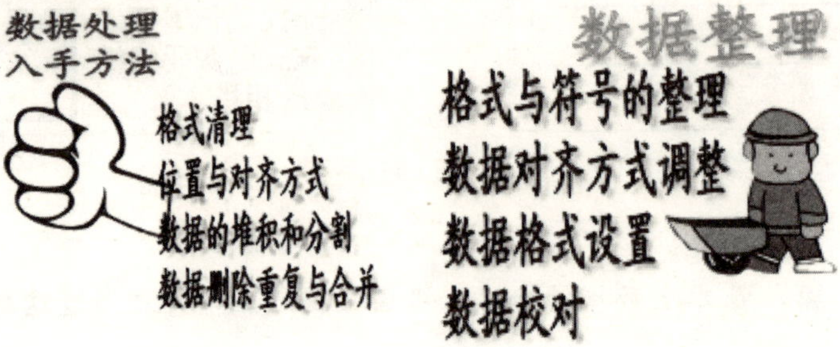

图3-46

说到数据的分割与合并，就不得不提及在数据合并中牵涉到的一些函数以及宏的应用。这一次学到了不少函数的应用，例如sum函数、left函数以及VLOOKUP函数等。不过那个宏的命令代码比较复杂。

最后的内容就是数据的加工了，主要是针对数据本身的一些问题解决。例如，数据的转置，数据的简单计算以及数据的标记圈注（图3-47）。

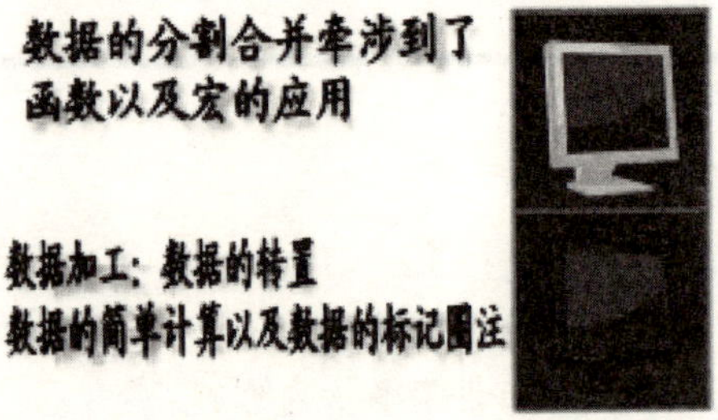

图3-47

小强： 我说得很简略吧？

王哥： 既然你都记下来了，待会在制作表格的时候能够一边做一边学嘛，这样的话掌握得还更快一些！

小强： 这不等于是老师教完课，我这个学生还得做作业巩固……

第4章

好马配好鞍——数据分析

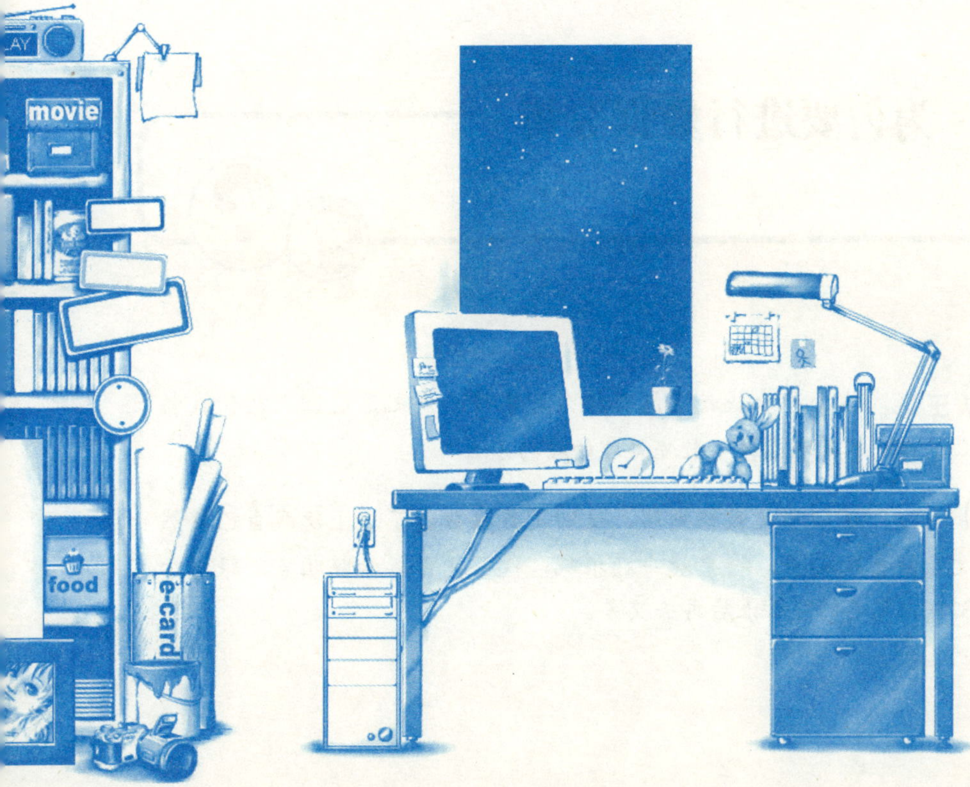

按照王哥给予的数据处理方法，小强将所得来的资料全部重新处理了一遍，然后望着自己整理出来的井然有序的数据，他又愁上眉头了（图4-1）。

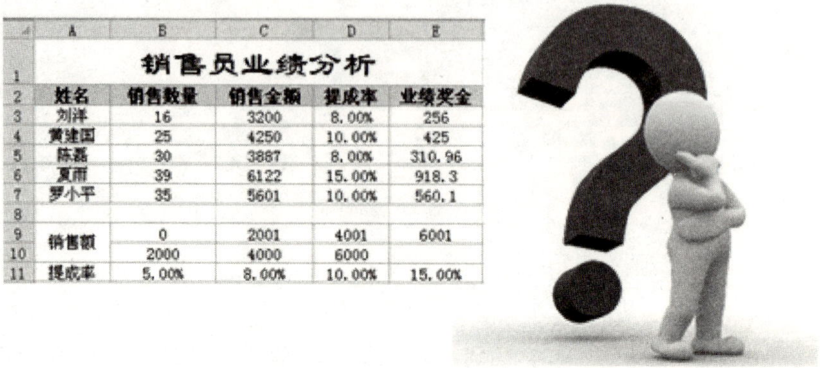

	A	B	C	D	E
1	销售员业绩分析				
2	姓名	销售数量	销售金额	提成率	业绩奖金
3	刘洋	16	3200	8.00%	256
4	黄建国	25	4250	10.00%	425
5	陈磊	30	3887	8.00%	310.96
6	夏雨	39	6122	15.00%	918.3
7	罗小平	35	5601	10.00%	560.1
8					
9	销售额	0	2001	4001	6001
10		2000	4000	6000	
11	提成率	5.00%	8.00%	10.00%	15.00%

图4-1

小强： 数据处理完毕，接下来得进行分析了。那可是动真格的事情，万一弄不好，大Boss大发雷霆我岂不是没处躲藏了？不行我还得去找王哥……

4.1 为何要进行数据分析

王哥： 你小子来找我准没有什么好事情，说吧，这回又想让我教你什么？昨天不是跟你说了数据处理的技巧了么？

小强： 这回不是数据处理，这回是数据分析了。上次我自己贸然分析之后给大Boss看，结果被一顿狠批，这一次可得学聪明点，跟您学好，制作出完美的分析表后再去交差。

王哥： 数据分析啊，这个学问可就大了……前面不是跟你介绍过了什么叫做数据，什么叫做数据分析么？为什么要进行数据分析呢？这些概念还清楚记得吧？

数据分析的目的是把隐没在一大批看来杂乱无章的数据中的信息集中、萃取和提炼出来，以找出所研究对象的内在规律。

数据分析是组织有目的地收集数据、分析数据，使之成为信息的过程。这一过程是质量管理体系的支持过程。在产品的整个寿命周期，包括从市场调研到售后服务和最终处置的各个过程都需要适当运用数据分析，以提升有效性。

例如，J·开普勒通过分析行星角位置的观测数据，找出了行星运动规律。又如，一个企业的领导人要通过市场调查，分析所得数据以判定市场动向，从而制定合适的生产及销售计划。因此数据分析有极广泛的应用范围（图4-2）。

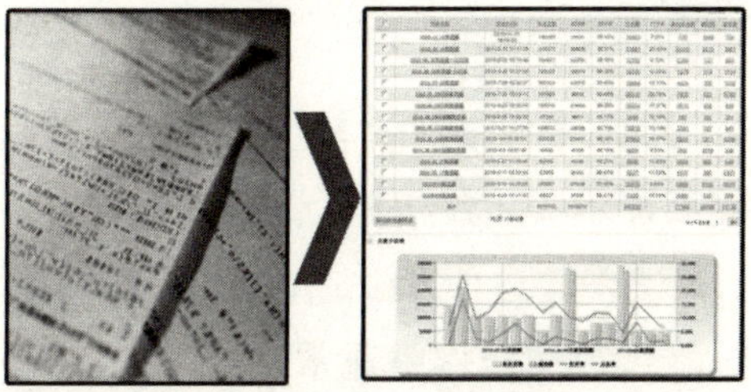

数据不一定有用，但是经过数据分析后的信息一定有用！

图4-2

当今社会中伴随着网站的盛行，网络营销成为了一种十分流行的商业模式，数据分析不仅可以在网络广告前期发挥巨大作用，在投放后期同样是调整广告方向的重要工具。

例如，通过数据可以看到用户从哪里来、如何组织产品页面可以实现很好的转化率、投放广告的效率如何等问题。

基于数据分析的每一点点改变，都可以使赚钱的能力提高一点点。所以，只有把数据分析作为网络营销的灵魂才能凸显数据分析的重要性。现在，是重视数据分析的时候了。

4.2 不能不懂的数据分析方法

王哥：别急，接下来我就给你介绍几种数据分析方法。你要知道王哥我可是一部“数据分析大全”。

4.2.1 对比分析法

王哥：第一种数据分析的方法叫做对比分析法。

对比分析法也叫比较分析法或者是趋势分析法，是通过实际数与基数的对比来提示实际数与基数之间的差异，借以了解经济活动的成绩和问题的一种分析方法。这种方法是最常用、最简单。

具体数据操作中通常是把两个或两个以上相互联系的指标数据进行比较，从数量上展示和说明研究对象规模的大小，水平的高低，速度的快慢，以及各种关系是否协调。在对比分析中，选择合适的对比标准是十分关键的步骤，选择得合适，才能做出客观的评价；选择得不合适，评价可能得出错误的结论。

例如，在Excel中，可以合并两张相对应的数据表，将其纵向数据对比或者横向对比，再而研究其中的规律。也可以使用综合对比法，就是在总体大方向上面进行差别的比对。

小强：通俗地来讲，就是运用两件（或两件以上）性质比较相近的事物来做比较，通过比较得出两件（或两件以上）事物的相同点和不同点（图4-3）。

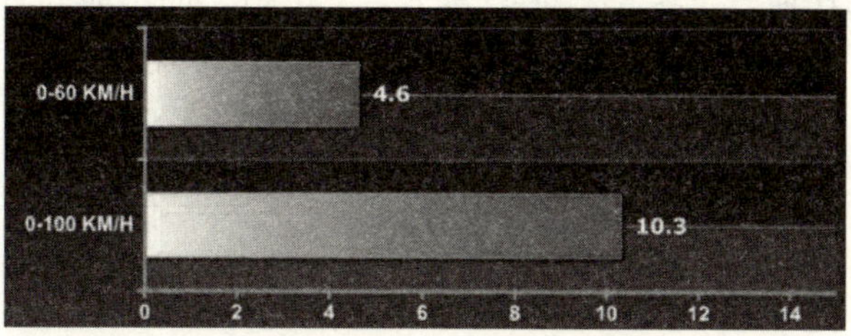

2件（或2件以上）事物进行比较

图4-3

王哥： 但是你得注意，这里面指的数据比较通常都是绝对数值的互相比较，而且两个完全不具有可比性的对象，摆在一起进行对比分析是徒劳无功的。

4.2.2 分组分析法

王哥： 第二方法就是分组分析法，之前在教你使用Excel数据表的时候，不也提到了综合数据如何分列或者合并的知识么？这些知识在数据分析的时候就得用上了。

分组分析法是指按某一标准将研究对象分成若干不同性质的组成部分，将相同性质的现象归纳在一起，说明分析总体内部的结构变动和总体中各指标间的关系的一种方法。这种方法可以反映出被研究对象的本质和特征。

小强： 也就是说当我们遇上了那种“多繁杂”式的数据后，得先将其一一解剖，然后再逐个消化？

王哥： 小子，你是越来越聪明了。分组时必须遵循两个原则：穷尽原则和互斥原则。

所谓穷尽原则，就是使总体中的每一个单位都应有组可归，或者说各分组的空间足以容纳总体所有的单位。所谓互斥原则，就是在特定的分组标志下，总体中的任何一个单位只能归属于某一个组，而不能同时或可能归属于几个组。

小强： 那么在分组的时候有没有什么限制条件呢？

王哥： 设定限制条件这是必须的，要想分组就必须有分组的条件。这涉及到了分组的步骤，我们要先确定分组的标志：按照数值大小分、按照品质标志分、按照相互关系分，还是按照…… 然后就是确定分组的组距和组数；最后就是进行分析对比了。

4.2.3 聚类分析法

王哥： 所谓人以群分物以类聚，数据分析也有这么一个说法。接下来要说的就是数据的聚类分析法。

聚类分析指将物理或抽象对象的集合分组成为由类似的对象组成的多个类的分析过程。它是一种重要的人类行为。

聚类分析的目标就是在相似的基础上收集数据来分类。从实际应用的角度看，聚类分析是数据挖掘的主要任务之一。而且聚类能够作为一个独立的工具获得数据的分布状况，观察每一簇数据的特征，集中对特定的聚簇集合作进一步的分析。

小强： 和分组的方法差不多，只不过这个聚类分析法的概念要更详尽一些，是把同属性的数据放在一起类比，这样产生的对比也就更一目了然些。

王哥： 没错，比如说之前你拿的那张不同产品电子的销售情况（图4-4）。

我们怎样来进行类聚分析呢？先确定数据的属性。例如，想比较一下两种手机的销售量情况，那么按照这张表上的内容，就可以直接把T314手机和CET7手机的销售量和销售单价拿出来进行对比了。

	A	B	C	D	E	F	G
1	产品	销量	销售员	销售地区	单价	预计销售E	业务提成
2	T314手机	1200	周晓	市东区	950	1100	8%
3	CET7手机	956	林秀	市南区	856	1000	9%
4	lenovo电脑	230	王润	市中心	4568	500	10%
5	apple笔记本	150	刘丽	市北区	9653	400	11%
6	samsung数码相机	389	展播	市西区	2563	350	12%
7	sony相机	458	钱喜	市郊区	3625	450	13%

图4-4

小强：哦，王哥您的意思我大致明白了。

王哥：聚类分析的步骤是：先对数据进行预处理（就是前面讲过的处理）、衡量数据之间的关系确定分类的条件设定、聚类或者分组、对聚类分组好的数据进行研究分析（图4-5）。

图4-5

4.2.4 结构分析法

王哥：结构分析法是在统计分组的基础上，计算各组成部分所占比重，进而分析某一总体现象的内部结构特征、总体的性质、总体内部结构依时间推移而表现出的变化规律性的统计方法。结构分析法的基本表现形式，就是计算结构指标。其公式是：

结构指标（%）=（总体中某一部分/总体总量）×100%

结构指标就是总体各个部分占总体的比重，因此总体中各个部分的结构相对数之和，即等于100%。通过结构分析可以认识总体构成的特征。

小强： 通过这种方法，可以分析一下某个产品相机的销售额度在整个销售量中所占的比例，这样好确定我们销售产品的方向。

王哥： 不错，可以揭示总体各个组成部分的变动趋势，研究总体结构变化过程，揭示现象总体由量变逐渐转化为质变的规律性。

特别是在日常的产值和经济方面的研究工作上面，经常需要用到结构分析法来分析数据。

这个方法可以揭示现象之间的依存关系，如研究商业企业中商品销售额与流通费用的依存关系，可将各商品销售额分组计算每个组相应的商品流通费用。

例如，某市年销售额300万元以上的企业占15%，每万元商品销售额中的流通费为6.0元；而300万元以下的企业占85%，每万元流通费为8.5～11.2元，说明销售规模越大的企业流通费用越少（图4-6）。

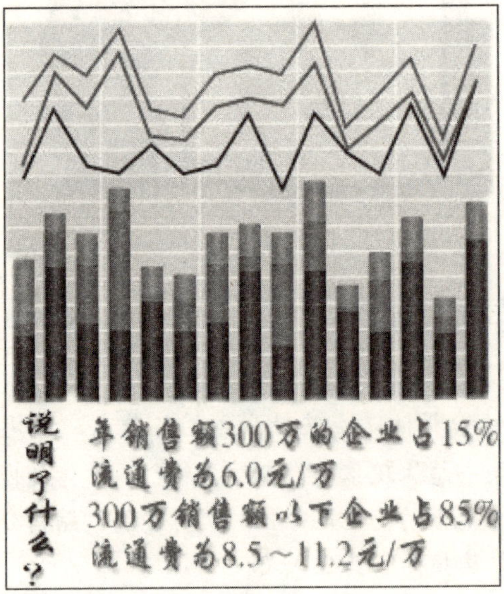

图4-6

4.2.5 平均和变异分析法

王哥： 平均和变异分析法则是利用平均指标和变异指标分析社会经济现象的一般水平及差异的方法。

平均指标是同质总体中各单位某一指标值的平均数字，反映总体在一定时间、地点条件下的一般水平。如平均工资、单位产品成本、单位面积产量、平均单价等。

变异指标则说明总体各单位标志值差异程度的指标，常用的变异指标是标准差和标准差系数。

小强： 这个方法需要注意那些问题呢？

王哥： 使用平均和变异分析法应注意以下几点：

正确计算平均指标必须是同质总体的平均数。其公式是： 平均指标=总体各单位某标志值总和/总体单位总数。分子、分母是同一总体的两个总量指标。

平均指标与变异指标结合运用，全面认识和评价总体，既能说明总体的一般水平，又能说明总体内部差异的程度。

如我们公司月平均工资2600元，标准差为60元，标准系数（60÷2600）为2.30%；竞争公司月平均工资为2300元，标准差为40元，标准系数为（70÷2300）为3.04%，说明我们公司工资水平高于竞争对手，差异程度也低于竞争对手。平均工资的代表性自然就是我们高于竞争对手公司啦。

用组平均数补充总平均数，正确认识总体结构对平均水平的影响（图4-7）。

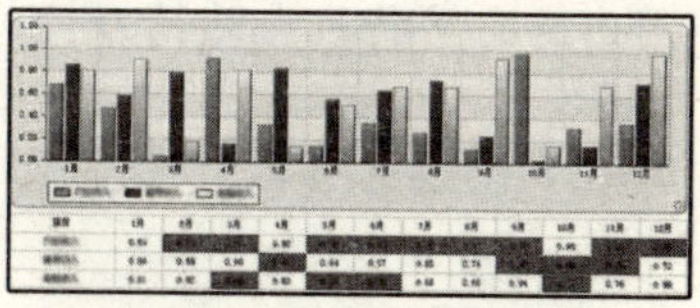

得看平均值以及标准系数

图4-7

小强： 本来我还以为只要简单地分析平均数就行了呢，没想到还冒出个标准差和标准系数……

王哥： 所以我所说的每一个方法看似简单，其实里面都是有很多讲究的。

4.2.6 判别分析法

王哥： 接下来你可得认真听了，现在介绍判别分析法。这个方法是指通过一些具有市场经验的经营管理人员或专家对企业的某一特定时期的产品销售业务情况进行综合研究，并做出推测和判断。

判别分析又称“分辨法”，是在分类确定的条件下，根据某一研究对象的各种特征值判别其类型归属问题的一种多变量统计分析。如果把这个分析方法再加以推广，研究多个自变量与因变量相互关系的一组统计理论和方法就称为多变量分析了。

小强： 能否举个实际一点的例子解释一下。

王哥： 不能理解？判别分析法就是根据现象判断走势。例如，本季度我们公司在笔记本电脑方面的销售量总额度是X万元，比去年同期增长了9%；而手机市场销售量总额度是Y万元，比去年同期增长了5%。而且X又大于Y。所以根据这样的变化趋势我们可以简单地判别接下来的时间内肯定要将极大的精力投入到笔记本电脑的市场销售中去。

小强： 这么一说，好像是有些明白了。

4.2.7 线性回归分析

王哥： 线性回归是利用数理统计中的回归分析，来确定两种或两种以上变量间相互依赖的定量关系的一种统计分析方法之一，运用十分广泛（图4-8）。

利用回归分析法预测销售成本

历史数据

时间	1	2	3	4	5	6	7	8	9	10	11	12
销售量(件)	64.32	73.34	70.38	75.15	73.47	72.64	81.72	88.07	117.62	121.33	133.35	138.45
销售量的平方	4137	5379	4953	5648	5398	5277	6678	7756	13834	14721	17782	19168
销售成本(元)	18291	19692	29455	20930	20259	20611	23891	28183	43777	45492	48645	53134

回归分析

2	回归模型选择	一元二次	方程表达式	系数计算结果			
	一元一次模型	一元一次模	Y=A+BX	A	B	C	R^2
	一元二次模型	一元二次模	Y=A+BX+CX^2	1109.1837	186.4306	465.01	0.9472

预测销售成本

未来期数	第1期	第2期	第3期
销售量预测值	145	155	165
销售成本预测值	9804972	1.1E+07	1.3E+07

图4-8

小强： 那么利用线性回归来进行的数据分析就是线性回归分析吗？

王哥： 没错，而且此类分析按照自变量和因变量之间的关系类型，可分为一元线性回归分析和多元线性回归分析。

小强： 是不是和我们解方程式似的？

王哥： 差不多吧，如果在回归分析中，只包括一个自变量和一个因变量，且二者的关系可用一条直线近似表示，这种回归分析称为一元线性回归分析。如果回归分析中包括两个或两个以上的自变量，且因变量和自变量之间是线性关系，则称为多元线性回归分析。

举个实际的例子来说，还是刚刚那张表格，上面的变量很多包括了产品类别、销量、销售员、销售地区、单价等。而使用这种方法进行分析就是限定变量，比如说将产品限定，我需要查看笔记本电脑在市中心和市北区的销售量有什么差别，那么这个就叫做一元线性分析，可变元素是地区的销售量。

如果我考虑在市内不同地区不同商品之间的单价和销售量有何不同时，这就牵涉到了多个可变元素，即是多元线性分析。

小强： 哦，好像有些眉目了，这么说来回归分析的核心目的是：找到回归线，涉及包括如何得到回归线、如何描述回归线、回归线是否可用于预测等问题。强调方面是变量之间的关系……

王哥： 对，这就是线性回归分析的核心目的。

4.2.8 交叉分析法

王哥： 很多时候我们都会被数据欺骗，因为单一的思维方式让我们无法看清数据的真正面目。

小强： 此话怎讲？

王哥： 被欺骗是指通常我们会认为数值大的就是最具发展潜力的，数值小的就是应该被整顿的。但是我们如果换一个思维，用数值的增长幅度来看，或许数值小一点的增长幅度会超过数值大的，其发展潜力也就巨大，这在投资和发展定位上很重要。

小强： 王哥，您的重点是想说……

王哥： 我是想介绍一个新的分析方法：交叉分析法！

交叉分析法又称立体分析法，是在纵向分析法和横向分析法的基础上，从交叉、立体的角度出发，由浅入深、由低级到高级的一种分析方法。这种方法虽然复杂，但它弥补了“各自为政”分析方法所带来的偏差。

比如，我们公司要在新的一年进行产品投资，是投资年销售量500万的甲产品好呢，还是投资年销售量600万的乙产品好呢？

小强： 按照您的意思是投资甲？

王哥： 我还没说其他条件呢，你怎么知道得投资甲？从正常角度去思考的话，会以为投资乙比较适合，可是换个角度来想，新的一年得看公司的增长速度，如果说甲产品年增长量是20%，而乙只有10%，那么如何投资你应该心里有数了吧（图4-9）？

小强： 这么一说还真是……看来发散思维很重要！交叉分析是个不错的方法，我得果断地学习并掌握它。

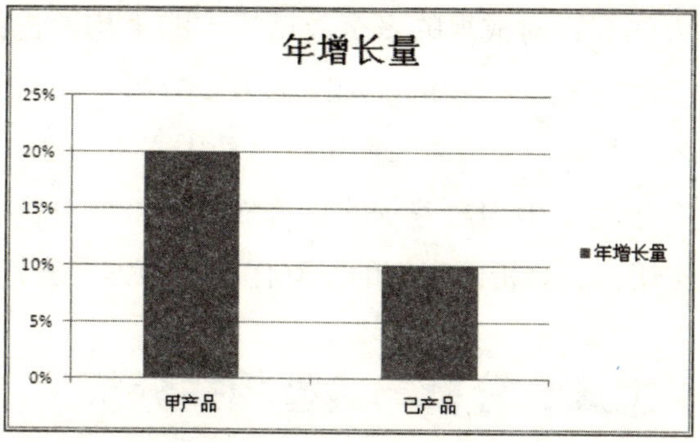

图4-9

4.2.9 方差分析法

王哥：既然得思维发散嘛，那么我们继续发散思维吧。接下来再介绍一种分析方法：方差分析法。

方差分析法是指将所获得的数据按某些项目分类后，再分析各组数据之间有无差异的方法。

小强：方差……好陌生的词汇了。记得还是以前数学学过，好像是指各个数据与他们的平均数的之差相加后再除以数据的个数……

王哥：难得你还记着，但是我们在数据分析的时候没有那么麻烦，数据分析中通过各个数据资料之间所显示的偏差与各组群资料中认为是属于误差范围内的偏差进行比较，来测验各组资料之间有无显著差异存在。

$$方差=\frac{数据组中各个数据域平均数之差相加之和}{数据个数}$$

王哥：方差分析的条件是：各组数据资料本身其均数要具备可比性；数据的分布要呈正态性，不能归于偏重某一方面；如果组间方差不齐则不能使用方差分析。

分析的主要方法有：对成组的多个数据样本的平均数进行比较，而且要采用完全随机设计的方差进行分析（单因素方差分析）；对随机组建的多个样本进行分析比较，并采用配组的方法进行（两因素方差法）。

方差分析主要用途：①均数差别的显著性检验；②分离各有关因素并估计其对总变异的作用；③分析因素间的交互作用；④方差齐性检验。

4.2.10　主成分分析与典型相关分析

王哥：虽然说了那么多关于变量的分析方法，但是你应该很清楚在数据分析的时候越简单越好。

小强：那是当然，数据分析目的就是让繁杂的数据变得一目了然嘛。

王哥：所以接下来我们得说一个让复杂变得简单的分析方法了。其实平时我们做数据分析的时候就好比在解一道十分难的数学题目。找到其中的解决办法很重要。

在解数学题的时候，老师们都会说得先找到题目表达的主题意思，然后才能去分析处理；做数据分析其实也一样！我们得弄清楚数据的主成分是什么，那么就得牵涉到一种数据分析的方法：主成分分析法。

主成分分析也称主分量分析，主成分分析是多元统计分析的一个分支。是将其分量相关的原随机向量，借助于一个正交变换，转化成其分量不相关的新随机向量，并以方差作为信息量的测度，对新随机向量进行降维处理。再通过构造适当的价值函数，进一步做系统转化。

小强：说白了就是希望用较少的变量去解释原来资料中的大部分变异，将我们手中许多相关性很高的变量转化成彼此相互独立或不相关的变量。通常是选出比原始变量个数少，能解释大部分资料中的变异的几个新变量，即所谓主成分，并用以解释资料的综合性指标。由此可见，主成分分析实际上是一种降维方法（图4-10）。

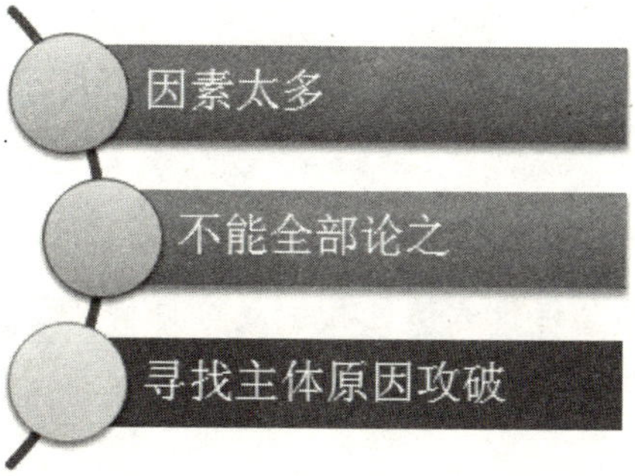

图4-10

王哥： 说得不错，当然除了主成分分析法外，在影响因素上面我们还可以使用典型相关分析法。

典型相关分析就是利用综合变量对之间的相关关系来反映两组指标之间的整体相关性的多元统计分析方法。

它的基本原理是：为了从总体上把握两组指标之间的相关关系，分别在两组变量中提取有代表性的两个综合变量，利用这两个综合变量之间的相关关系来反映两组指标之间的整体相关性。

小强： 等于是从总体中选择代表出来进行研究，对吧？

王哥： 是的，但是所选的典型一定得有较强的代表性。

4.2.11 综合评价分析法

王哥： 接下来所说的综合评价分析法其实和主成分分析法差不多，其概念是运用多个指标对多个参评单位进行评价的方法，称为多变量综合评价方法，或简称综合评价方法。

其基本思想是将多个指标转化为一个能够反映综合情况的指标来进行评价。如不同地区经济的发展快慢，不同城市的电子产品的销售情况如何等，都可以使用这种方法。

小强： 王哥，根据您说的概念来理解的话，我感觉综合分析法包含了主成分分析法，不知道有没有理解错误……

王哥： 现代综合评价方法包括主成分分析法、数据包络分析法、模糊评价法等。所以小强你刚刚说的是对的。

综合评价法的特点表现为：

（1）评价过程不是逐个指标顺次完成的，而是通过一些特殊方法将多个指标的评价同时完成的。

（2）在综合评价过程中，一般要根据指标的重要性进行加权处理。

（3）评价结果不再是具有具体含义的统计指标，而是以指数或分值表示参评单位“综合状况”的排序。

小强： 有没有什么必要因素呢？

王哥： 构成综合评价的要素如图4-11所示。

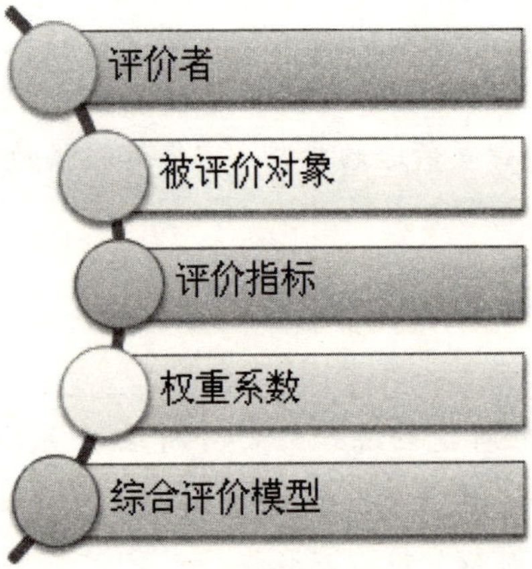

图4-11

- 评价者。评价者可以是某个人或某团体。评价目的的给定、评价指标的建立、评价模型的选择、权重系数的确定都与评价者有关。因此，评价者在评价过程的作用是不可轻视的。

- 被评价对象。随着综合评价技术理论的开展与实践活动，评价的领域也从最初的各行各业经济统计综合评价拓展到后来的技术水平、生活质量、小康水平、社会发展、环境质量、竞争能力、综合国力、绩效考评等方面。这些都能构成被评价对象。
- 评价指标。评价指标体系是从多个视角和层次反映特定评价客体数量规模与数量水平的。它是一个“具体——抽象——具体”的辩证逻辑思维过程，是人们对现象总体数量特征的认识逐步深化、求精、完善、系统化的过程。
- 权重系数。相对于某种评价目的来说，评价指标相对重要性是不同的。权重系数确定的合理与否，关系到综合评价结果的可信程度。
- 综合评价模型。所谓多指标综合评价，就是指通过一定的数学模型将多个评价指标值“合成”为一个整体性的综合评价值。

4.2.12 杜邦分析法

王哥：这个杜邦分析法指的就是利用几种主要的财务比率之间的关系来综合地分析企业的财务状况。具体来说，它是一种用来评价公司赢利能力和股东权益回报水平，从财务角度评价企业绩效的一种经典方法。其基本思想是将企业净资产收益率逐级分解为多项财务比率乘积，这样有助于深入分析比较企业经营业绩。

由于这种分析方法最早由美国杜邦公司使用，故名杜邦分析法。

小强：那这种分析方法有什么好处和坏处呢？

王哥：杜邦模型最显著的特点是将若干个用以评价企业经营效率和财务状况的比率按其内在联系有机地结合起来，形成一个完整的指标体系，并最终通过权益收益率来综合反映。

采用这一方法，可使财务比率分析的层次更清晰、条理更突出，为报表分析者全面仔细地了解企业的经营和盈利状况提供方便。权益乘数等于资产除以权益（图4-12）。

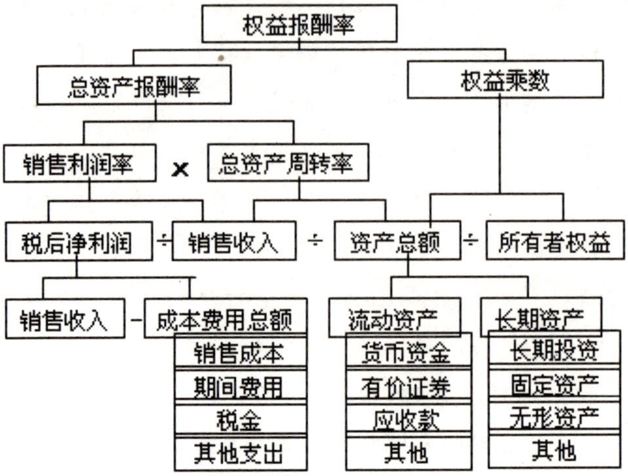

图4-12

小强： 这种报表的应用范围广不广呢？

王哥： 杜邦分析法有助于企业管理层更加清晰地看到权益资本收益率的决定因素，以及销售净利润率与总资产周转率、债务比率之间的相互关联关系，给管理层提供了一张明晰地考察公司资产管理效率和是否最大化股东投资回报的路线图。

4.2.13 漏斗图分析法

小强： 今天收获真多，我记得以前好像听说过一种叫做漏斗图分析法，这个王哥您能解释一下吗？

王哥： 漏斗图分析其实是指逐层分析寻找错误所在的原因，和层次分析法有些相近。是将决策总是有关的元素分解成目标、准则、方案等层次，在此基础之上进行定性和定量分析的决策方法。

所谓层次分析法，是指将一个复杂的多目标决策问题作为一个系统，将目标分解为多个目标或准则，进而分解为多指标（或准则、约束）的若干层次，通过定性指标模糊量化方法算出层次单排序（权数）和总排序，以作为目标（多指标）、多方案优化决策的系统方法（图4-13）。

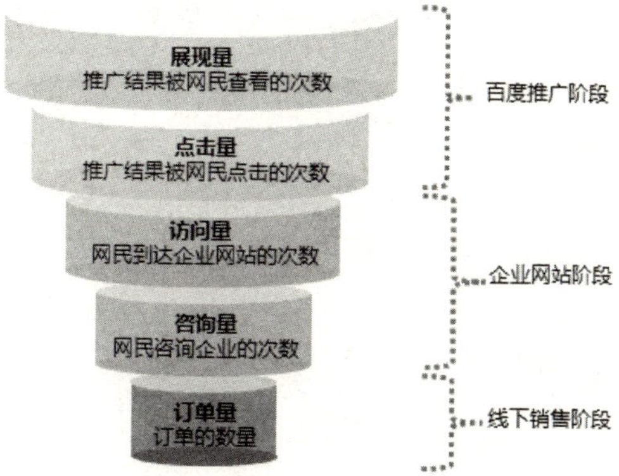

图4-13

有些时候我们也把这种分析方法叫做“五个为什么分析法”。

在一些组织里，一个普通的解决问题方法被用来分析和解决质量问题。这个方法有4个主要部分：

- 把握现状。
- 原因调查。
- 问题纠正。
- 通过“差错防止”过程进行预防。

把握现状

在方法的第一部分里，你：

- 识别问题
- 澄清问题
- 查找原因要点 (PoC)

原因调查

在方法的第二部分里，你可以引导一次5个为什么的调查来识别根本原因。

- 针对明确的问题
- 针对为什么没有发现问题
- 针对为什么系统允许问题发生

问题纠正

在方法的第三部分里：

- 采取明确的措施来纠正问题。至少要求采取短期临时措施来保护顾客利益。

通过“差错防止”过程进行预防

在方法的第四部分里，你：

- 采取明确的措施来确保问题不会再发生，典型的措施是“差错防止”过程。
- 铭记吸取到的教训。

4.2.14 矩阵关联分析法

王哥：既然已经介绍了漏斗图分析法，那么接下来我把矩阵关联分析法也给介绍了吧。

小强：矩阵关联分析法？

王哥：矩阵图上各元素间的关系如果能用数据定量化表示，就能更准确地整理和分析结果。这种可以用数据表示的矩阵图法，叫做矩阵数据分析法。在QC新七种工具中，数据矩阵分析法是唯一种利用数据分析问题的方法，但其结果仍要以图形表示。

数据矩阵分析法的主要方法为主成分分析法，利用此法可从原始数据获得许多有益的情报。主成分分析法是一种将多个变量化为少数综合变量的一种多元统计方法。

矩阵数据分析法，与矩阵图法类似。它区别于矩阵图法的是：不是在矩阵图上填符号，而是填数据，形成一个分析数据的矩阵。

它是一种定量分析问题的方法。目前，在日本尚广泛应用，只是作为一种“储备工具”提出来的。应用这种方法，往往需求借助电子计算机来求解。

在矩阵图的基础上，把各个因素分别放在行和列，然后在行和列的交叉点中用数量来描述这些因素之间的对比，再进行数量计算，定量分析，确定哪些因素相对比较重要的。

当我们进行顾客调查、产品设计或者其他各种方案选择，做决策的时候，往往需要确定对几种因素加以考虑，然后，针对这些因素要权衡其重要性，加以排队，得出加权系数。例如，我们在做产品设计之前，向顾客调查对产品的要求。利用这个方法就能确定哪些因素是临界质量特性。

下面通过例子来介绍如何进行矩阵数据分析法。

（1）确定需要分析的各个方面。我们通过矩阵图得到以下几个方面，需要确定它们相对的重要程度：易于控制、易于使用、网络性能、和其他软件可以兼容、便于维护。

（2）组成数据矩阵。用Excel或者手工做。把这些因素分别输入表格的行和列。

（3）确定对比分数。自己和自己对比的地方都打0分。以“行”为基础，逐个和“列”对比，确定分数。“行”比“列”重要，给正分。分数范围从9到1分。打1分表示两个重要性相当。譬如，第2行“易于控制”分别和C列“易于使用”比较，重要一些，打4分。和D列“网络性能”比较，相当，打1分。…………如果“行”没有“列”重要，给反过来重要分数的倒数。譬如，第3行的“易于使用”和B列的“易于控制”前面已经对比过了。前面是4分，现在取倒数，1/4=0.25。有D列“网络性能”比，没有“网络性能”重要，反过来，“网络性能”比“易于使用”重要，打5分。现在取倒数，就是0.20。实际上，做的时候可以围绕以0组成的对角线对称填写对比的结果就可以了。

4.3 Excel数据分析利器

王哥：小强，前面我们已经介绍了数据分析方法，你知道Excel本身自带的数据分析工具有哪些吗？

小强无奈地说道：这个我更不知道了啊，还请王哥指教。

王哥：Excel自带的数据分析工具有很多，在你处理数据的时候要对自己的目的有清晰的认识，才知道怎样去实现这个目的，该利用什么分析工具去展现，才能进行相应的数据分析。下面我来一一和你细说吧。

4.3.1 数据透视表

王哥：数据透视表就是其中的一个超级工具，它的功能非常强大。

小强：那到底什么是数据透视表呢？

王哥：数据透视表是一种交互式的表，能够将筛选、排序和分类汇总等操作依次完成，并生成汇总表格，是Excel 强大数据处理能力的具体体现。

例如，如果要按季度来分析每个雇员的销售业绩，可以将雇员名称作为列标放在数据透视表的顶端，将季度名称作为行号放在表的左侧，然后对每一个雇员以季度计算销售数量，放在每个行和列的交汇处。

之所以称为数据透视表，是因为可以动态地改变它们的版面布置，以便按照不同方式分析数据，也可以重新安排行号、列标和页字段。每一次改变版面布置时，数据透视表会立即按照新的布置重新计算数据。另外，如果原始数据发生更改，则可以更新数据透视表。

小强：哦，那该如何创建数据透视表？

王哥：接下来要向你介绍创建数据透视表的方法。下面以图中1~3月份的销售数据为例，创建一个简单的数据透视表（图4-14）。

	A	B	C	D	E	F
1	月份	日期	物品	数量	单价	金额
2	1月	3日	电视	8	1000	8000
3	1月	11日	电视	1	1000	1000
4	1月	6日	冰箱	9	2000	18000
5	1月	23日	冰箱	8	2000	16000
6	1月	17日	洗衣机	2	1500	3000
7	1月	21日	洗衣机	4	1500	6000
8	2月	26日	洗衣机	5	1500	7500
9	2月	15日	冰箱	10	2000	20000
10	2月	13日	电视	6	1000	6000
11	2月	14日	电视	6	1000	6000
12	2月	4日	洗衣机	2	1500	3000
13	2月	19日	冰箱	6	2000	12000
14	3月	9日	电视	1	1000	1000
15	3月	10日	电视	3	1000	3000
16	3月	7日	洗衣机	5	1500	7500
17	3月	19日	洗衣机	7	1500	10500
18	3月	6日	冰箱	6	2000	12000
19	3月	9日	冰箱	2	2000	4000
20						
21						
22						

图4-14

选中需要汇总的表格中的任意一个单元格。单击“插入”选项卡，在“表格”选项组中单击“数据透视表”按钮下拉菜单，在弹出的菜单中选择“数据透视表”命令。在弹出的“创建数据透视表”对话框中的“请选择要分析的数据”栏中，选中“选择一个表或区域”单选项，在“表/区域”文本框中输入或使用鼠标选取引用位置，如“销售数据!$A$1:$F$19”。

在“选择放置数据透视表的位置”栏中选中“现有工作表”单选项，在“位置”文本框中输入数据透视表的存放位置，如“销售数据!$H$2”（图4-15）。

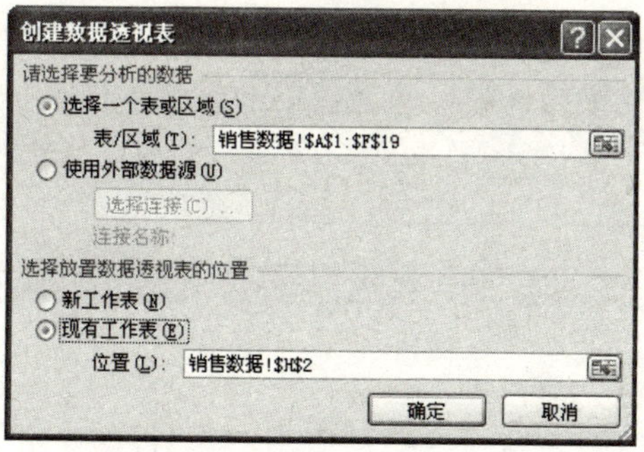

图4-15

如果数据源较小、维度较少，则可选择现有工作表；如果数据较大，维度较多，则可选择新建工作表，在新的工作表中进行数据透视表的制作。

在确定放置数据源及数据表的位置后，一个空的数据透视表将添加到指定的位置，并显示数据透视表字段列表，以便我们可以开始添加字段、创建布局和自定义数据透视表（图4-16）。

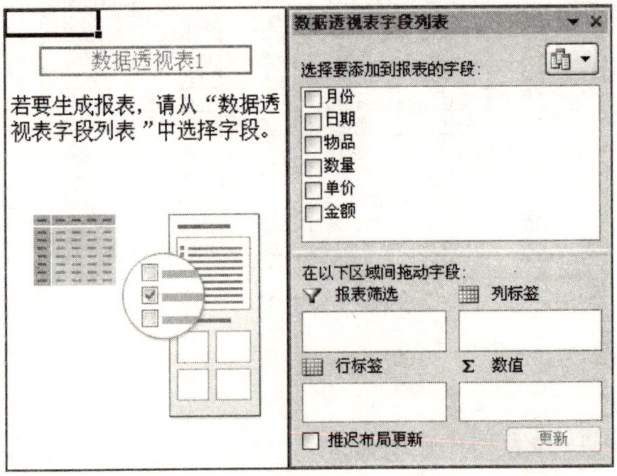

图4-16

王哥： 简单吧，这样一个空白的数据透视表框架就创建好了，现在就可以通过设置字段得到相应的分析数据。

拖动字段进行数据分析。将需要汇总的字段拖动至相应的"行""列""数据"区域。本例我们将"物品"字段拖动至行标签，将"月份"、"数量"、"金额"字段拖动到数值汇总区域。单击数值汇总区域中"月份"字段的"值字段设置"功能，把汇总方式设置为计数，将数值汇总区域中的其他字段的汇总方式设置为求和（图 4-17）。

物品	计数项:月份	求和项:数量	求和项:金额
冰箱	6	41	82000
电视	6	25	25000
洗衣机	6	25	37500
总计	**18**	**91**	**144500**

图4-17

小强： 看来也没有想象中那么难嘛，多练习几次我想我就能够熟练掌握了吧。

4.3.2 图表

王哥： 既然数据透视表你已经能够掌握了，那我现在带你看看图表吧。

图表泛指在屏幕中显示的，可直观展示统计信息属性（时间性、数量性等），对知识挖掘和信息直观生动感受起关键作用的图形结构，是一种能将对象属性数据直观、形象地“可视化”的手段。图表设计隶属于视觉传达设计范畴。图表设计是通过图示、表格来表示某种事物的现象或某种思维的抽象观念。

企业内外部的统计信息是错综复杂、千变万化的，为了更好地展示它们及它们内在的关系，我们需要对这些信息的属性进行抽象化分析研究（图4-18）。

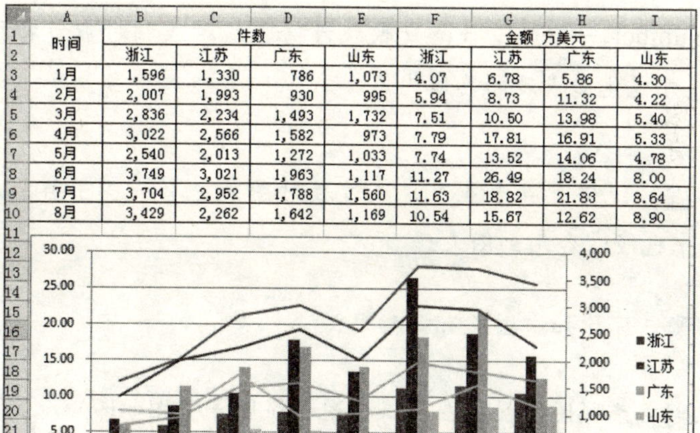

时间	件数				金额 万美元			
	浙江	江苏	广东	山东	浙江	江苏	广东	山东
1月	1,596	1,330	786	1,073	4.07	6.78	5.86	4.30
2月	2,007	1,993	930	995	5.94	8.73	11.32	4.22
3月	2,836	2,234	1,493	1,732	7.51	10.50	13.98	5.40
4月	3,022	2,566	1,582	973	7.79	17.81	16.91	5.33
5月	2,540	2,013	1,272	1,033	7.74	13.52	14.06	4.78
6月	3,749	3,021	1,963	1,117	11.27	26.49	18.24	8.00
7月	3,704	2,952	1,788	1,560	11.63	18.82	21.83	8.64
8月	3,429	2,262	1,642	1,169	10.54	15.67	12.62	8.90

图4-18

当我们要以可视化的形式向用户展示统计信息时，一般包括：表现什么

——主题特征、何处——空间属性、何时/多长时间——时间属性、程度——数量特征以及如何——变化特征等。可以引入“V模式(V-Pattern)”来描述统计信息在可视化时的8个基本属性：

- V(Variety)——多样性：大部分统计信息都具有多重属性，不同的属性应采用相应的优势媒体或综合可视化手段来表现。
- P(Priority)——优先性：同一统计信息在不同的主题或用途中具有不同的重要性，应确定好内部结构层次关系。
- A(Attachment)——归属性：可以根据特定指标，将统计信息进行归类分级。
- T(Timeliness)——时间性：统计信息在可视化时随时间的内容变化、数量变化、成分变化等。
- T(Theme)——主题性：在不同的可视化应用目标下，不同的统计信息目标反映不同的信息主题。
- E(Extensivity)——空间性：统计信息的表现具备相对的空间几何特征（点、线、面和体）。
- R(Relativity)——相关性：反映统计信息间的相关关系（层次结构对比与构成等）。
- N(Number)——数量性：反映统计信息绝对或相对数量特征，是统计信息可视化要表现的具体内容。

小强：说得有点专业了，不过我对图表也有一些了解，以前在学习和工作中也经常会用到图表。

王哥：那你知道图表有哪些吗？

小强：条形图、柱状图、折线图和饼图等（图4-19）。

王哥：还多着呢，这些只不过是最常用的基本类型，按照Microsoft Excel对图表类型的分类，图表类型还包括散点图、面积图、圆环图、雷达图、气泡图、股价图等。

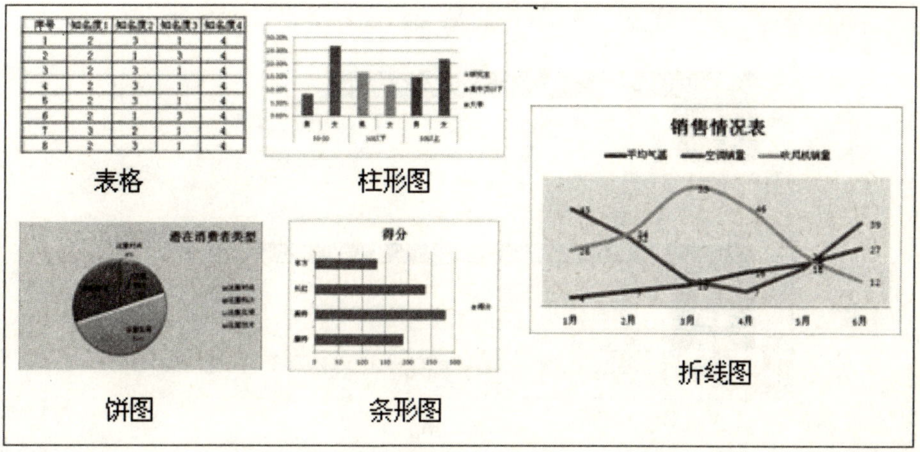

图4-19

不同类型的图表可能具有不同的构成要素，如折线图一般要有坐标轴，而饼图一般没有。归纳起来，图表的基本构成要素有：标题、刻度、图例和主体等。

小强： 图表的类型居然还有这么多，要是你不说我还真不知道啊，合理地选择图表类型，可以使表格更具有生命力了，这样也能让Boss一目了然、印象深刻。

4.3.3 规划求解

王哥： 规划求解你肯定更不了解了吧。

小强： 规划求解……听起来都感觉陌生，平时在工作中也没有接触过。

王哥： 规划求解的应用可广泛了，它可以解决产品组合问题、配料问题、下料问题、物资调运问题、任务分配问题、投资效益问题、合理布局问题等。学好规划求解，在数据处理分析时可就轻松多了，小强，你可要认真学习了（图4-20）。

各工厂到各销售市场的运费

	分销市场1	分销市场2	分销市场3	分销市场4
中能	464	513	654	867
华润	352	416	690	791
康福	995	682	388	685

运 量 分 配 规 划

	分销市场1	分销市场2	分销市场3	分销市场4	总计	提供量
中能	0	20	0	55	75	75
华润	80	45	0	0	125	125
康福	0	0	70	30	100	100
总计	80	65	70	85		
需求量	80	65	70	85	总运费	152535.0012

图4-20

小强：知道了，王哥。说了这么多，还不知道什么是规划求解呢。

王哥：你着急什么啊，现在我就和你来介绍。“规划求解”是一组命令的组成部分，这些命令有时也称作假设分析工具。借助“规划求解”，可求得工作表上某个单元格（被称为目标单元格）中公式（公式：单元格中的一系列值、单元格引用、名称或运算符的组合，可生成新的值。公式总是以等号 (=) 开始）的最优值。“规划求解”将对直接或间接与目标单元格中公式相关联的一组单元格中的数值进行调整，最终在目标单元格公式中求得期望的结果。

它是在一定的限制条件下，利用科学方法进行运算，使对前景的规划达到最优的方法，是现代管理科学的一种重要手段，是运筹学的一个分支。

小强：王哥，真不好意思，这个概念我听的有点含糊，你能不能给我解释一下啊？

王哥：“规划求解”通过调整所指定的可更改的单元格（可变单元格）中的值，从目标单元格公式中求得所需的结果。在创建模型过程中，可以对“规划求解”模型中的可变单元格数值应用约束条件（约束条件：“规划求解”中设置的限制条件。可以将约束条件应用于可变单元格、目标单元格或其他与目标单元格直接或间接相关的单元格），而且约束条件可以引用其他影响目标单元格公式的单元格。

使用Excel规划求解，可通过更改其他单元格来确定某个单元格的最大值或最小值。

例如：假设某公司要生产A、B、C三种产品，这三种产品的生产成本分别为10元、15元和22元；每生产一件A、B、C产品分别耗费生产时间为1分钟、1.5分钟、3分钟；每销售一件A、B、C产品分别获取的利润为4元、8.5元、12元。现在经研究讨论决定，企业每天购买原材料的金额不得超过10000元，机器设备每天运转时间不能超过18小时；同时A产品每天产量不得少于120件、B产品每天产量不得少于110件、C产品每天产量不得少于100件。

根据上述约束的条件，该公司该如何分配A、B、C三种产品的生产比例才能获取最高的利润？面对这样的问题，直观地判断很难得出最优的生产方案，这时可以使用Excel 2010中的“规划求解”很容易地得到利润最大化的生产方案（图4-21）。

产品生产计划表

生产限制与约束条件原始数据			
项目	A产品	B产品	C产品
成本（元/件）	10	15	22
生产时间（分钟/件）	1	1.5	3
利润（元/件）	4	8.5	12
最低生产量（件）（件）	120	110	100
生产成本约束（元）		10000	
生产时间约束 （时）		18	

生产计划及利润预测			
实际生产成本（元）	10000	A产品计划产量	120
实际生产时间（时）	18	B产品计划产量	440
A产品毛利	480	C产品计划产量	100
B产品毛利	3740	总销售利润（元）	5420
C产品毛利	1200		

图4-21

4.3.4 假设分析

王哥： 假设分析是在单元格中更改值以查看这些更改将如何影响工作表中公式结果的过程。

Excel 附带了三种假设分析工具：方案、数据表和单变量求解。方案和数据表可获取一组输入值并确定可能的结果。数据表仅可以处理一个或两个变量，但可以接受这些变量的众多不同的值。一个方案可具有多个变量，但它最多只能容纳 32 个值。单变量求解与方案和数据表的工作方式不同，它获取结果并确定生成该结果的可能的输入值。

小强： 王哥，那你就具体和我说说这三种假设分析工具。

王哥： 方案是 Excel 保存并可以在工作表单元格中自动替换的一组值。可以在工作表中创建和保存不同的组值，然后切换到其中的任一新方案来查看不同的结果。

在创建或收集所需的全部方案后，可以创建一个用于合并这些方案中信息的方案摘要报告。方案报告显示新工作表上某个表中的所有方案信息（图4-22）。

方案摘要		当前值:	增加收入	减少费用	降低成本
可变单元格:					
	销售收入	1450000.00	1450000.00	1450000.00	1450000.00
	营业外收入	11000.00	11000.00	11000.00	11000.00
	销售费用	70135.00	70135.00	60000.00	70135.00
	管理费用	14728.35	14728.35	12000.00	14728.35
	销售成本	624201.50	624201.50	624201.50	580000.00
	营业外支出	45987.20	45987.20	45987.20	42000.00
结果单元格:					
	利润总额	188816.55	188816.55	201679.90	237005.25

注释："当前值"这一列表示的是在
建立方案汇总时，可变单元格的值。
每组方案的可变单元格均以灰色底纹突出显示。

图4-22

如果有一个使用一个或两个变量的公式或均使用一个通用变量的多个公式，则可以使用数据表在一个位置查看所有结果。使用数据表可轻松快速地查看可能的区域。由于只关注一个或两个变量，因此可轻松读取结果并以表格形式共享。如果对工作簿启用自动重新计算，则会立即重新计算数据表中的数据，因此，通常会拥有最新的数据（图4-23）。

	A	B	C	D
1	抵押贷款分析			付款
2	首付	无		¥672.68
3	利率	9.50%	9.00%	¥643.70
4	期限(月)	360	9.25%	¥658.14
5	贷款金额	¥80,000	9.50%	¥672.68

输入单元格

Excel 在输入单元格 B3 中替代的值列表

图4-23

如果知道要从公式获得的结果，但不确定为获得该结果所需的公式输入值，此时，可以使用单变量求解功能。例如：已知贷款年限、年利率和月还款金额，需要计算出月还款金额不同时的可贷款金额（图4-24）。

	A	B	C	D	E
1					
2		单变量求解贷款金额			
3		贷款金额	7636363.583	年利率	6.12%
4		贷款年限	13.31406535	月偿还金额	70000

图4-24

小强：除了这三种工具外，应该还可以安装其他有助于执行假设分析的加载项。

王哥：是啊，还可以使用内置于 Excel 中的填充柄和各种命令来创建预测。对于更多的高级模式，可以使用分析包加载项。

4.3.5 方差分析

王哥：方差分析，又称“变异数分析”或“F检验”，是R.A.Fisher发明的，用于两个及两个以上样本均数差别的显著性检验。由于各种因素的影响，研究所得的数据呈现波动状。造成波动的原因可分成两类，一是不可控的随机因素，另一是研究中施加的对结果形成影响的可控因素。

一个复杂的事物，其中往往有许多因素互相制约又互相依存。方差分析的目的是通过数据分析找出对该事物有显著影响的因素，各因素之间的交互作用，以及显著影响因素的最佳水平等。方差分析是在可比较的数组中，把数据间的总的“变差”按各指定的变差来源进行分解的一种技术。对变差的度量，采用离差平方和。

方差分析方法就是从总离差平方和分解出可追溯到指定来源的部分离差平方和，这是一个很重要的思想。

小强：王哥，怎么越听越糊涂了啊，可不可以说得让我明白点啊……

王哥：也没有多复杂了，其实你只要围着一个基本思想：通过分析研究中不同来源的变异对总变异的贡献大小，从而确定可控因素对研究结果影响力的大小（图4-25）。

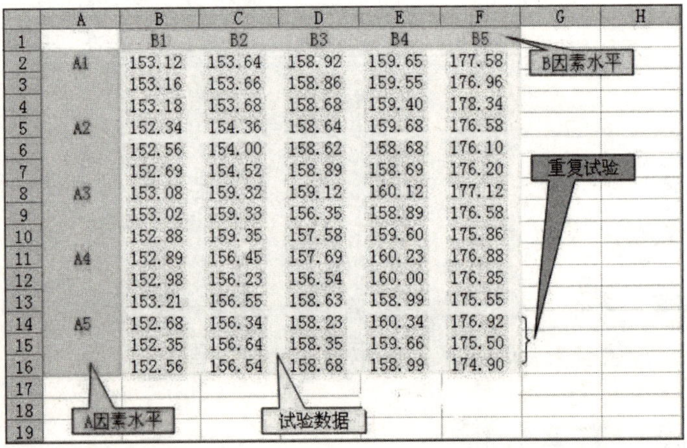

	A	B	C	D	E	F	G	H
1		B1	B2	B3	B4	B5		
2	A1	153.12	153.64	158.92	159.65	177.58		
3		153.16	153.66	158.86	159.55	176.96		
4		153.18	153.68	158.68	159.40	178.34		
5	A2	152.34	154.36	158.64	159.68	176.58		
6		152.56	154.00	158.62	158.68	176.10		
7		152.69	154.52	158.89	158.69	176.20		
8	A3	153.08	159.32	159.12	160.12	177.12		
9		153.02	159.33	156.35	158.89	176.58		
10		152.88	159.35	157.58	159.60	175.86		
11	A4	152.89	156.45	157.69	160.23	176.88		
12		152.98	156.23	156.54	160.00	176.85		
13		153.21	156.55	158.63	158.99	175.55		
14	A5	152.68	156.34	158.23	160.34	176.92		
15		152.35	156.64	158.35	159.66	175.50		
16		152.56	156.54	158.68	158.99	174.90		
17								
18								
19								

图4-25

4.3.6 协方差

王哥：协方差分析是建立在方差分析和回归分析基础之上的一种统计分析方法。方差分析是从质量因子的角度探讨因素不同水平对实验指标影响的差异。

一般说来，质量因子是可以人为控制的。回归分析是从数量因子的角度出发，通过建立回归方程来研究实验指标与一个（或几个）因子之间的数量关系。但大多数情况下，数量因子是不可以人为加以控制的。

小强：那么协方差也是测量两组数据相关性的量度，可以使用该工具来确定两个区域中数据的变化是否相关。

王哥：是啊，协方差分析工具虽然与相关系数分析工具类似，但协方差没有限定的取值范围，使用起来更方便。

在概率论和统计学中，协方差用于衡量两个变量的总体误差。而方差是协方差的一种特殊情况，即当两个变量是相同的情况。期望值分别为$E(X)=\mu$与$E(Y)=\nu$的两个实数随机变量X与Y之间的协方差定义为：

$$\mathrm{cov}(X,Y)=E((X-\mu)(Y-\nu))$$

其中，E是期望值。它也可以表示为：直观上来看，协方差表示的是两个变量总体的误差，这与只表示一个变量误差的方差不同。如果两个变量的变化趋势一致，也就是说如果其中一个大于自身的期望值，另外一个也大于自身的期望值，那么两个变量之间的协方差就是正值。如果两个变量的变化趋势相反，即其中一个大于自身的期望值，另外一个却小于自身的期望值，那么两个变量之间的协方差就是负值。如果X与Y是统计独立的，那么二者之间的协方差就是0。这是因为

$$E(X\cdot Y)=E(X)\cdot E(Y)=\mu\nu$$

但是，反过来并不成立。即如果X与Y的协方差为0，二者并不一定是统计独立的。协方差$\mathrm{cov}(X,Y)$的度量单位是X的协方差乘以Y的协方差。而取决于协方差的相关性，是一个衡量线性独立的无量纲的数。协方差为0的两个随机变量称为是不相关的。

4.3.7 相关系数

王哥：利用该工具可以确定两个区域中数据的变化是否相关，即一个集合的较小数据是否与另一个集合的较大数据相关联（负相关）；或

者一个集合的较大数据是否与另一个集合的较大数据相关联（正相关）；还是两个集合中的数据互不关联（相关系数为零）。

小强：王哥，相关系数可用于判断两组数据之间的关系的吧！

王哥：嗯，也可以这么说。相关系数是变量之间相关程度的指标。样本相关系数用r表示，总体相关系数用ρ表示，相关系数的取值范围为[-1,1]。$|r|$值越大，误差Q越小，变量之间的线性相关程度越高；$|r|$值越接近0，Q越大，变量之间的线性相关程度越低。

相关系数又称皮（尔生）氏积矩相关系数，说明两个现象之间相关关系密切程度的统计分析指标。相关系数用希腊字母γ表示，γ值的范围在-1和+1之间。

$\gamma>0$为正相关，$\gamma<0$为负相关。$\gamma=0$表示不相关；γ的绝对值越大，相关程度越高。

$$r=\frac{n\sum xy-\sum x\sum y}{\sqrt{n\sum x^2-(\sum x)^2}\sqrt{n\sum y^2-(\sum y)^2}}$$

两个现象之间的相关程度，一般划分为四级：如两者呈正相关，r呈正值，r=1时为完全正相关；如两者呈负相关则r呈负值，而r=-1时为完全负相关。完全正相关或负相关时，所有图点都在直线回归线上；点子的分布在直线回归线上下越离散，r的绝对值越小。当例数相等时，相关系数的绝对值越接近1，相关越密切；越接近于0，相关越不密切。当r=0时，说明X和Y两个变量之间无直线关系。通常$|r|$大于0.8时，认为两个变量有很强的线性相关性。

4.3.8 描述统计

王哥：描述统计是通过图表或数学方法，对数据资料进行整理、分析，并对数据的分布状态、数字特征和随机变量之间关系进行估计和描述的方法。描述统计分为集中趋势分析、离中趋势分析和相关分析三大部分（图4-26）。

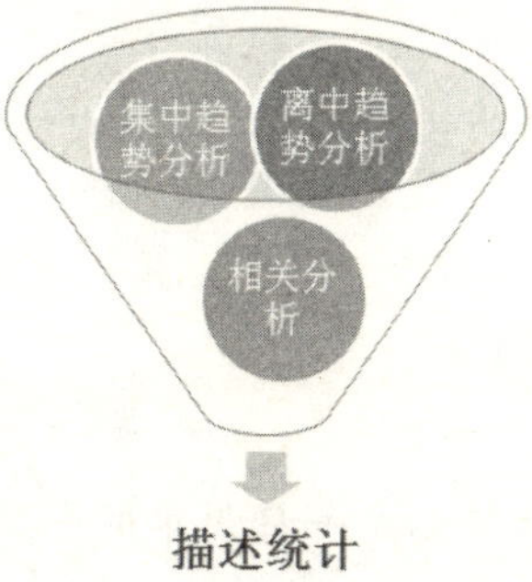

图4-26

小强： 那集中趋势分析、离中趋势分析和相关分析都是怎样来表示数据的呢？

王哥笑着说道：集中趋势分析主要靠平均数、中数、众数等统计指标来表示数据的集中趋势。例如，员工的销售成绩多少？是正偏分布还是负偏分布？

离中趋势分析主要靠全距、四分差、平均差、方差、标准差等统计指标来研究数据的离中趋势。例如，我们想知道两个部门的销售成绩中，哪个部门内的成绩分布更分散，就可以用两个部门的四分差或百分点来比较。

相关分析探讨数据之间是否具有统计学上的关联性。这种关系既包括两个数据之间的单一相关关系——如年龄与个人领域空间之间的关系，也包括多个数据之间的多重相关关系——如年龄、抑郁症发生率、个人领域空间之间的关系；既包括A大B就大（小），A小B就小（大）的直线相关关系，也可以是复杂相关关系（$A=Y-B*X$）；既可以是A、B变量同时增大这种正相关关系，也可以是A变量增大时B变量减小这种负相关，还包括两变量共同变化的紧密程度——即相关系数。实际上，相关关系唯一不研究的数据关系，就是数据协同变化的内在根据——即因果关系。获得相关系数有什么用呢？简而言之，有了相关系数，就可以根据回归方程，进行A变量到B变量的估算，这就是所谓的回归分析。

小强： 那么相关分析就是一种完整的统计研究方法？

王哥：是啊，它贯穿于提出假设，数据研究，数据分析，数据研究的始终。

4.3.9 移动平均

王哥：移动平均法预测是一种简单的自适应预测模型，它使利用时间序列技术进行预测的，具体分为一次移动平均和二次移动平均预测。

小强：如果Boss让我了解市场上商品供应状况的发展趋势，并对下一期的销售量、销售额进行预测的话，就可以使用“移动平均”！

王哥：是啊，利用“移动平均”命令可以快速得出预测结果。移动平均法具体分为一次移动平均和二次移动平均预测。

一次移动平均法是一种较为简单的预测方法，它的基本思想是：根据时间数列各期发展水平，求出移动平均数，再将移动平均数作为下期预测值（图4-27）。

一次移动平均预测销售额

月份	销售额(万元)	移动平均（n=3） 移动平均数	预测值
1	98	#N/A	
2	100	#N/A	
3	98	98.66666667	
4	105	101	98.6666667
5	118	107	101
6	116	113	107
7	115	116.3333333	113
8	122	117.6666667	116.333333
9	127	121.3333333	117.666667
10	129	126	121.333333
11	…	…	126

图4-27

二次移动平均法，是对一次移动平均数再进行第二次移动平均，再以一次移动平均值和二次移动平均值为基础建立预测模型，计算预测值的方法（图4-28）。

二次移动平均预测销售额

月份	销售额(万元)	一次移动平均	二次移动平均	a_t	b_t
1	98	#N/A			
2	100	#N/A			
3	98	98.66666667	#N/A		
4	105	101	#N/A		
5	118	107	102.2222222	111.7777778	4.777777778
6	116	113	107	119	6
7	115	116.3333333	112.1111111	120.5555556	4.222222222
8	122	117.6666667	115.6666667	119.6666667	2
9	127	121.3333333	118.4444444	124.2222222	2.888888889

预测

10月	127.1111111
11月	130
12月	132.8888889

图4-28

4.3.10 回归

王哥：回归分析是确定两种或两种以上变数间相互依赖的定量关系的一种统计分析方法。

回归分析运用十分广泛，按照涉及的自变量的多少，可分为一元回归分析和多元回归分析；按照自变量和因变量之间的关系类型，可分为线性回归分析和非线性回归分析。如果在回归分析中，只包括一个自变量和一个因变量，且二者的关系可用一条直线近似表示，这种回归分析称为一元线性回归分析（图4-29）。

一元线性（非线性）回归销售预测模型

销售数据资料

时间	1995	1996	1997	1998	1999	2000	2001	2002	2003	2004	2005	2006
影响因素	1	2	3	4	5	6	7	8	9	10	11	12
销售量(万件)	62	60.7	64.7	69.9	73.6	75	81.5	88.5	103.1	110.3	117	119.3

系数计算

1	回归模型选择	一元线性	计算公式	系数计算结果		
	一元线性模型		Y=A+BX	A	B	R^2
	一元指数模型		$Y=A\cdot B^X$	47.4348	5.85105	0.94516

预测销售量

未来期数	第1期	第2期	第3期	第4期
影响因素	13	14	15	16
销售量预测值	123.5	129.3	135.2	141.1

图4-29

如果回归分析中包括两个或两个以上的自变量，且因变量和自变量之间是线性关系，则称为多元线性回归分析（图4-30）。

多元线性回归预测模型

销售数据资料

时间	1	2	3	4	5	6	7	8	9	10	11	12
影响因素1	359	363	381	396	401	402	417	424	433	447	462	478
影响因素2	266	268	272	275	278	281	284	287	290	293	297	302
销售额(万元)	351	354	372	379	387	405	414	420	434	437	443	448

系数计算

回归模型方程表达式	系数计算结果			
$Y=A+BX_1+CX_2$	A	B	C	R^2
	-849.796	-0.83668	5.656933	0.976501

预测销售额

未来预测值	第1期	第2期	第3期	第4期
影响因素预测值1	485	492	497	503
影响因素预测值2	316	320	325	329
销售额预测值	532.0	548.8	572.9	590.5

图4-30

小强： 在前面介绍相关分析时好像也介绍了一下回归分析吧。

王哥： 是啊，相关分析研究的是现象之间是否相关、相关的方向和密切程度，一般不区别自变量或因变量。而回归分析则要分析现象之间相关的具体形式，确定其因果关系，并用数学模型来表现其具体关系。比如说，从相关分析中我们可以得知“质量”和“用户满意度”变量密切相关，但是这两个变量之间到底是哪个变量受哪个变量的影响，影响程度如何，则需要通过回归分析方法来确定。

一般来说，回归分析是通过规定因变量和自变量来确定变量之间的因果关系，建立回归模型，并根据实测数据来求解模型的各个参数，然后评价回归模型是否能够很好地拟合实测数据；如果能够很好地拟合，则可以根据自变量作进一步预测。

小强： 那你给我简单介绍一下回归分析的步骤吧。

王哥： 这也是我接下来要和你说的，回归分析的步骤（图4-31）。

根据预测目标，确定自变量和因变量：明确了预测的具体目标，也就确定了因变量。如预测具体目标是下一年度的销售量，那么销售量Y就是因变量。通过市场调查和查阅资料，寻找与预测目标的相关影响因素，即自变量，并从中选出主要的影响因素。

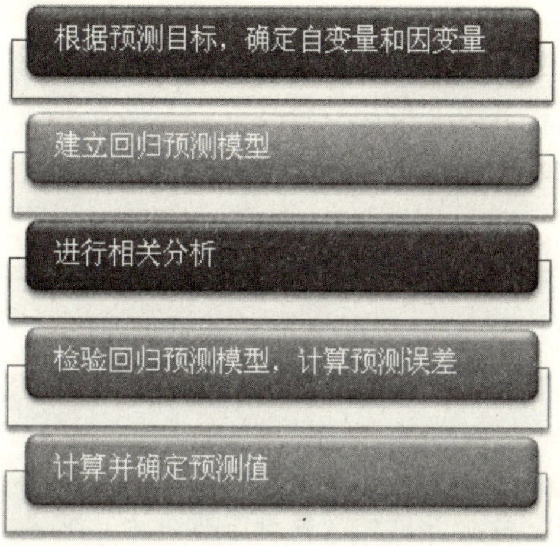

图4-31

建立回归预测模型：依据自变量和因变量的历史统计资料进行计算，在此基础上建立回归分析方程，即回归分析预测模型。

进行相关分析：回归分析是对具有因果关系的影响因素（自变量）和预测对象（因变量）所进行的数理统计分析处理。只有自变量与因变量确实存在某种关系时，建立的回归方程才有意义。因此，作为自变量的因素与作为因变量的预测对象是否有关，相关程度如何，以及判断这种相关程度的把握性多大，就成为进行回归分析必须要解决的问题。进行相关分析，一般要求出相关关系，以相关系数的大小来判断自变量和因变量的相关的程度。

检验回归预测模型，计算预测误差：回归预测模型是否可用于实际预测，取决于对回归预测模型的检验和对预测误差的计算。回归方程只有通过各种检验，且预测误差较小，才能将回归方程作为预测模型进行预测。

计算并确定预测值：利用回归预测模型计算预测值，并对预测值进行综合分析，确定最后的预测值。

4.4 数据分析应避免的误区

小强： 王哥，真是多谢你的指教啊。掌握了数据分析，我就可以制作出一份完美的分析表给Boss了啊。

王哥： 不用客气，我不也是从你那时候过来的嘛。

小强： 不过我还是要好好巩固这些知识啊，等熟练掌握这些，我就不再是数据分析菜鸟了啊。哈哈……但是数据分析的功能还真是强大啊！

王哥： 是啊，数据分析的功能确实很强大。它是指用适当的统计方法对收集来的大量第一手资料和第二手资料进行分析，以求最大化地开发数据资料的功能，发挥数据的作用。为了提取有用信息和形成结论而对数据加以详细研究和概括总结的过程。

在实用中，数据分析可帮助人们作出判断，以便采取适当行动。不过在使用数据分析时，也要避免几个误区，可以总结为以下几点（图4-32）：

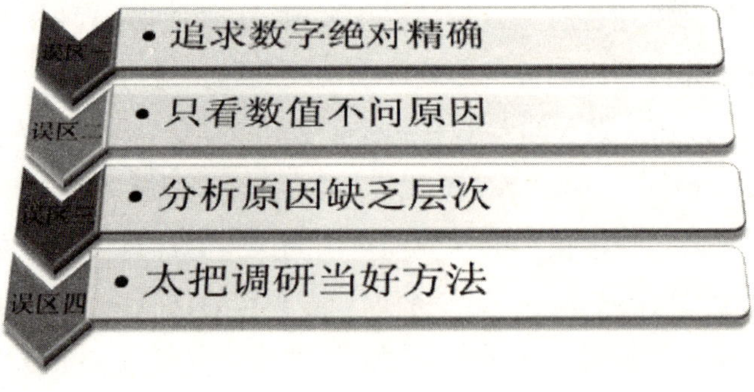

图4-32

4.5 总结

王哥： 上面我讲了不少内容，你有时间就要多巩固巩固。

小强： 虽然我不能全部记得，但是刚刚所讲的内容还是能总结出来的，要不我大概和你说一下，帮我再指点指点。

王哥： 看来你还不赖嘛，那好啊，你说说我来听听。

小强： 首先讲到的是数据分析的目的。数据分析的目的是把隐没在一大批看来杂乱无章的数据中的信息集中、萃取和提炼出来，以找出所研究对象的内在规律。

接着是说数据分析的方法和Excel本身自带的数据分析工具。

数据分析的方法，包括数据的对比分析、分组分析、聚类分析、结构分析、平均和变异分析、判别分析发、线性回归分析、交叉分析、方差分析、主成分分析和典型相关分析等。

Excel本身自带的数据分析工具，包括数据透视表、图表、规划求解、假设分析、方差分析、协方差、相关系数等。

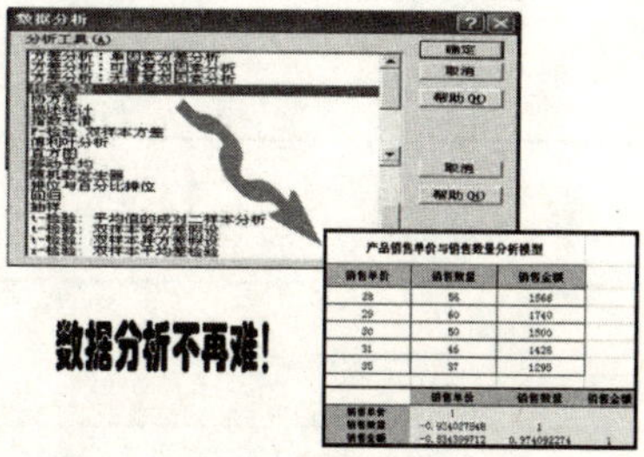

图4-33

最后自然就是数据分析时应该避免的误区了。数据分析不再难（图4-33）！

王哥： 嗯，还不错，掌握得算可以了，看来你对数据分析的接受能力越来越强了嘛。

小强： 那还得要谢谢王哥你教得好啊。

读书笔记

第5章 展露你的才华——数据展现

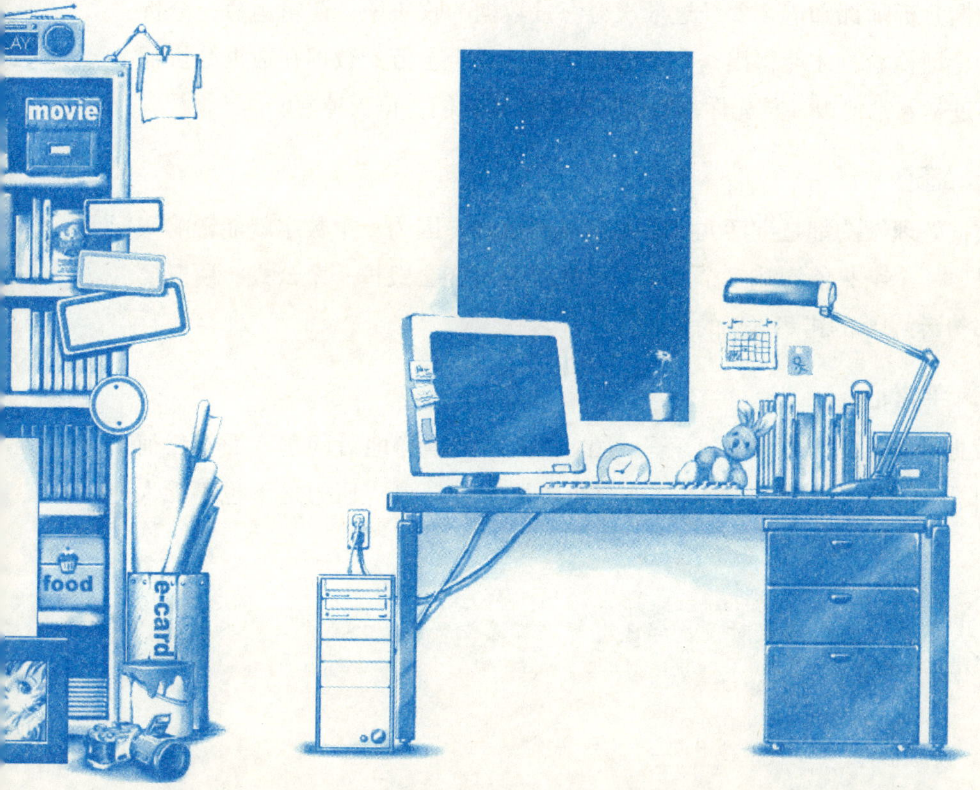

5.1 表格数据从优化开始

天天对着一堆数据，小强开始抱怨：王哥，天天面对着一大堆数据，我眼睛都花了，有什么办法可以让我的数据清晰些啊？

王哥： 小强，作为一个数据分析师，你知道数据分析师最基本的素养和要求吗？作为一名数据分析师，要“三心二意”。

小强： 三心二意？应该不是我们常说的做事情三心二意吧？

王哥： 当然不是，下面给你详细说说“三心二意”。

➔ 信心

数据分析师都知道，要经过数次对海量数据的收集整、逻辑运算、分析汇总和论证检验，才能得出一个简洁的结果。成千上万的数据在数据分析师眼里不过是家常便饭，首先你得有信息，先藐视它们，再灭掉它们。

➔ 细心

数据处理做的都是细活儿，心不细很难做好。因为一个数字就能影响一个结果，一个结果能影响一个决策，一个决策可能会毁掉一个公式。所以要牢记那句话：1%的错=100%的失败。

➔ 平常心

数据处理要有一个平常心——平淡、平等、平静地看问题，面对任何情况都需要淡定，找不出原因时也不能敷衍伪造，权威压力之下也不能人云亦云。

小强： 你讲得太对了，那还有哪“二意”呢？

诚意

诚意是为人处世最基本的素养，无论是面对工作还是面对朋友，或是要成为优秀的数据分析师，都得诚心诚意。同时诚意还包含了诚实、尊重事实的含义，数据分析若是失去了真实可信的本质，就等于丢弃了尊严和价值。

合老板意

刚入职的新人最常犯这样的错误，没有体会老板的目的和口味，按照自己的思路和意思进行分析，含辛茹苦的分析结果还会惹得老板震怒。所以对老板的命令要维护和服从，如果有意见，可以在私下与老板沟通，但大体还是要以老板的意见为准则。

小强：明白了，谢谢您给我上了一节职场启蒙课。可我还是想知道怎么样可以让表格的数据不像蚂蚁一样密密麻麻地堆积？

王哥：这就需要对表格进行设置了。你可以对它们进行设置，突出要体现的数据；给承载数据的表格换换装；设置表格的样式等对数据进行优化设置。

5.1.1 什么是表格样式

小强皱着眉头：什么叫“表格样式”呢？

王哥：根据制作表格目的，有不同的样式，你看会计使用的付款凭证、记账凭证的（如图5-1所示）都有特定的样式，人力资源表格和行政表格也都有着特定的表格样式，这些都是根据工作需要来设计的。

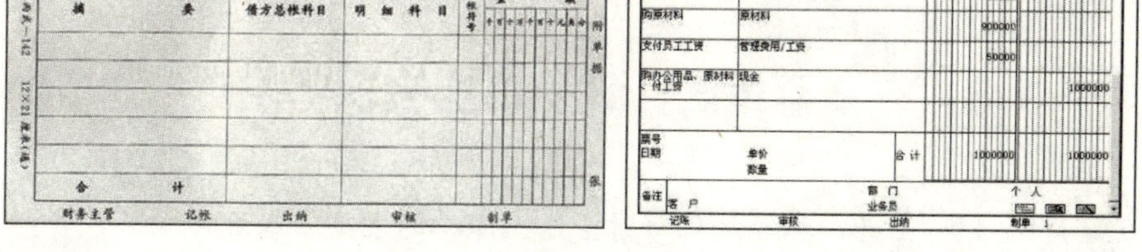

图5-1

这些专用的表格有其特定的样式，由专门的设计。而我们日常工作中，不会需要制作这样专业的表格样式，通常是对Excel表格的样式进行美化和设置，也就是你想要问的“表格样式”。

小强： 对，我就是想问问怎么样对表格进行美化设置，大Boss说我的表格做得太差了。

王哥： 一般表格做出来是默认的表格样式，没有设置底纹和细条样式，比较单调。要使表格做得美观，可以为表格设置边框、底纹、填充来对表格进行美化。而表格样式呢，是研发者为了一次性批量修改边框和线条而设置的工具选项，使用Excel内置的表格格式可以快速地美化表格。

王哥： 简单点说，就是套用Excel内置表格格式，来表格进行美化设置，如图5-2所示表格就是套用了Excel内置的表格样式。

	A	B	C	D	E	F
1	产 品 档 案 表					
2	编码	品牌	产品名称	尺寸	单位	底价
3	A-001	宜家	储物柜书架	180*40*24	件	96
4	A-002	宜家	韩式鞋柜	80x50x30	件	165
5	A-003	宜家	韩式简约衣橱	800*450*1500	件	588
6	A-004	宜家	儿童床	28 *88 * 168	件	450
7	B-001	丰穗家具	时尚布艺转角布艺沙发	200*150	件	930
8	B-002	丰穗家具	布艺转角沙发	282*172	件	935
9	B-003	丰穗家具	田园折叠双人懒人沙发床	138*140	件	300
10	B-004	丰穗家具	田园折叠双人懒人沙发床	200*140	件	350
11	B-005	丰穗家具	单人折叠加长加宽懒人沙发	224*66*13cm	件	248
12	D-001	名匠轩	梨木色高档大气茶几	1200*700*380	件	590
13	D-002	名匠轩	时尚五金玻璃茶几	1300*700*400	件	998
14	D-003	名匠轩	玻璃茶几	1200*650*440	件	718
15	D-004	名匠轩	白像CT703A长茶几	1350*700*380	件	976
16	D-005	名匠轩	白像T705休闲几	550*550*575	件	380
17	D-006	名匠轩	白橡CT701C小方茶几	700*700*480	件	605
18	D-007	名匠轩	撇腿香槟椭圆边茶几	880*540*530	件	2398
19	D-008	名匠轩	花几/电话几N-L-004	400*400*850	件	3638
20	F-001	藤缘名居	时尚办公家用转椅	43*42*（45-52）	件	99
21	F-002	藤缘名居	纳米丝网椅	67*47*（42-50）	条	188
22	F-003	藤缘名居	进口印尼藤椅	48*98	件	199
23	F-004	藤缘名居	天然藤编吊篮	铁架95*195C 吊篮尺寸:120m*75m*80	件	440
24	F-005	藤缘名居	雷达椅	直径110cm	件	430
25	H-001	一点家居	古实木手工雕刻咖啡桌三件套	咖啡桌57CM*51	套	580
26	H-002	一点家居	韩式雕花梳妆台	桌：90cm * 52cm * 25cm凳：63cm * 44cm * 30cm	套	460
27	H-003	一点家居	桦木韩式田园家具梳妆台	90*40*145	套	1538
28	H-004	一点家居	成套餐桌椅子	组合	套	1558
29	H-005	一点家居	欧美式 椭圆餐桌	162*77*168	件	998
30	H-006	一点家居	美式乡村方形4人桌	100*85*76.5	件	428

图5-2

5.1.2 三步套用法，让表格变装扮

小强： 王哥，那能把你平时呈给大Boss的表格给我看下吗？

王哥狐疑地看着小强，从电脑中调出表格。小强看着自己手中的表格（如图5-3所示），和王哥电脑中的表格（如图5-4所示），自叹不如。

小强的表格

	A	B	C	D	E	F
1			销售人员业绩分析			
2	姓名	销售数量	销售金额	提成率	业绩奖金	
3	吴媛媛	350	88400	0.08	7072	
4	孙飞飞	220	149860	0.1	14986	
5	滕念	545	770240	0.15	115536	
6	廖可	450	159340	0.15	23901	
7	彭宇	305	282280	0.15	42342	
8						
9	销售额	0	50001	100001	150001	
10		50000	100000	150000		
11	提成率	0.05	0.08	0.1	0.15	
12						
13						

图5-3

王哥的表格

项目成员实际工作利用率视图（按员工）

报表名称 / Report Name：RESUSAGE
开始日期 Start Date / 截止日期 End Date:2012-06-01 - 2012-06-30

			06/07	06/08	06/09	06/10	06/11	06/14	06/15	06/25	项目工时合计
employee3	A2010-10	产品研发项目模板		8.00	8.00	8.00					24.00
	按员工 Sub-Total by employee:			8.00	8.00	8.00					24.00
员工1	123	新项目ID-TECH				3.00	2.00				5.00
	2010-5	新项目	2.00								2.00
	A2010-10	产品研发项目模板		4.00	6.00	5.00		8.00		6.00	29.00
	internal-2009	公司内部事务	5.00								5.00
	new	新建筑项目							3.00		3.00
	按员工 Sub-Total by employee:		7.00	4.00	6.00	8.00	2.00	8.00	3.00	6.00	44.00
员工2	000001	深圳建筑设计项目			3.00						3.00
	A2010-10	产品研发项目模板			3.00	5.00	8.00				16.00
	按员工 Sub-Total by employee:				6.00	5.00	8.00				19.00
总工时合计			7.00	12.00	20.00	21.00	10.00	8.00	3.00	6.00	87.00

图5-4

小强： 王哥，有几个问题讨教下：

- 如何快速设置表格样式？
- 如何设置标题样式？

王哥： 不错嘛，学会找出重点了，那我就教教你快速装扮表格吧。

"套用表格格式"迅速美化表格

单击表格中任意数据所在单元格，在"开始"选项卡的"样式"选项组单击"套用表格格式"下拉按钮，在打开的下拉列表中需要的表格样式，如图5-5所示。

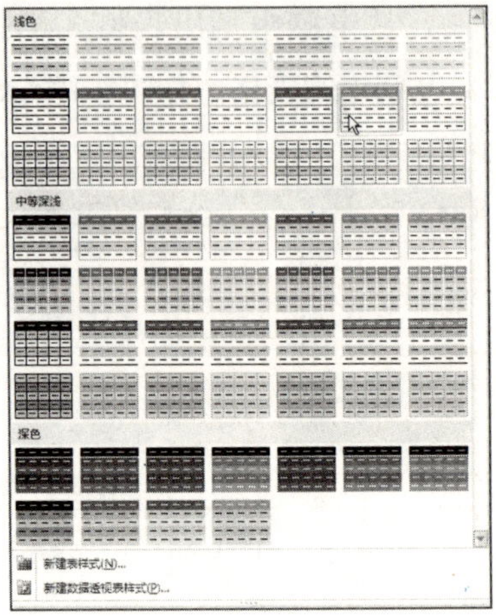

图5-5

“单元格样式”美化标题

选中表格标题，接着在“样式”选项组单击“单元格样式”下拉菜单，在打开的下拉列表 “标题”列表中选择“标题”如图5-6所示。

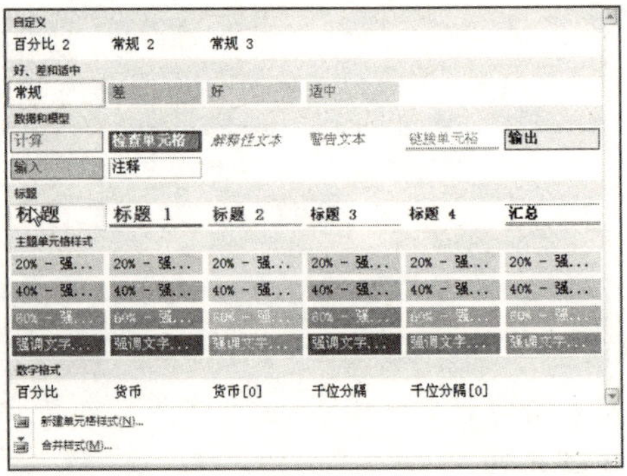

图5-6

为表格添加背景

王哥：我们还可以为图表设置背景图片填充，使图表背景色更多彩一些。也可以使用公司的LOGO图片放入背景中，让表格贴上公司的标签。

切换到“页面布局”选项卡，在“页面设置”选项组单击“背景”选项，在打开的“工作表背景”对话框中选择适合的背景，如图5-7所示。

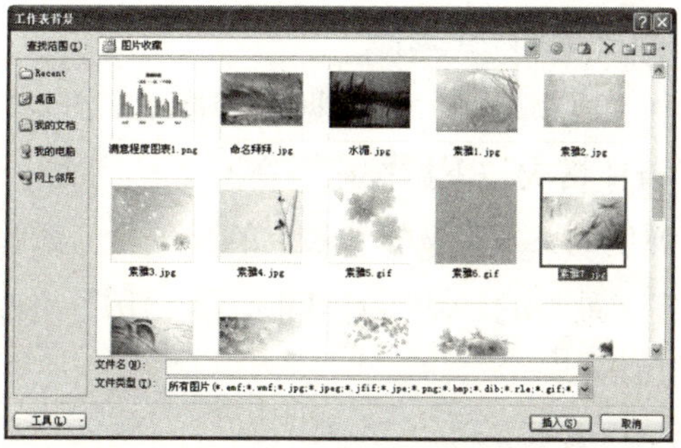

图5-7

王哥：这样就可以达到表格装扮的效果了。

美化后表格

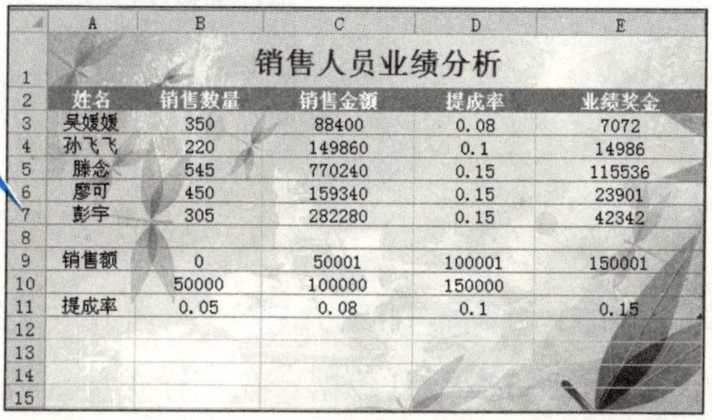

	A	B	C	D	E
1	销售人员业绩分析				
2	姓名	销售数量	销售金额	提成率	业绩奖金
3	吴媛媛	350	88400	0.08	7072
4	孙飞飞	220	149860	0.1	14986
5	滕念	545	770240	0.15	115536
6	廖可	450	159340	0.15	23901
7	彭宇	305	282280	0.15	42342
8					
9	销售额	0	50001	100001	150001
10		50000	100000	150000	
11	提成率	0.05	0.08	0.1	0.15
12					
13					
14					
15					

图5-8

小强用崇拜的眼光看着王哥：厉害！我回去好好琢磨琢磨。

5.1.3 秀出重点，又具个性

小强：王哥，还有几个问题请教一下。

- 如何标记出销售前三名？
- 如何标记出小于一定销售金额的单元格？
- 如何直观地看出销售金额高低？

王哥：这几个问题很简单，在“条件格式”工具下即可全部实现。

➔ 标识出前三名的销售金额

Step 01 选中“销售金额”列数据，切换到“开始”选项卡，在“样式”选项组单击“条件格式”下拉按钮，在其下拉列表中选择“项目选取规则”选项，接着在弹出的菜单中选择“最大的10项”，如图5-9所示。

Step 02 打开“最大的10项”对话框，将“10”更改为“3”，并设置填充颜色，如图5-10所示。

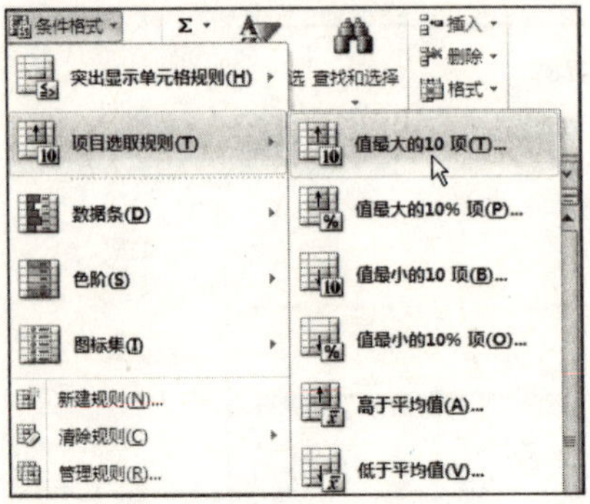

图5-9

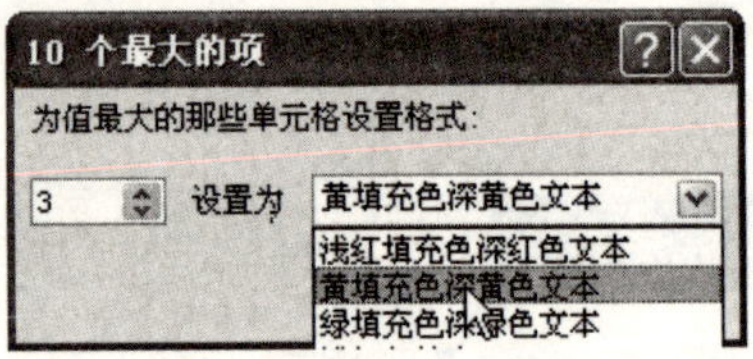

图5-10

➔ 标识销售数量小于250的单元格

Step 01 选中“销售数量”列数据，在“样式”选项组单击“条件格式”下拉按钮，在其下拉列表中选择“突出显示单元格规则”选项，接着在弹出的菜单中选择“小于”，如图5-11所示。

Step 02 打开“小于”对话框，输入单元格数据小于的数值，并设置填充颜色，如图5-12所示。

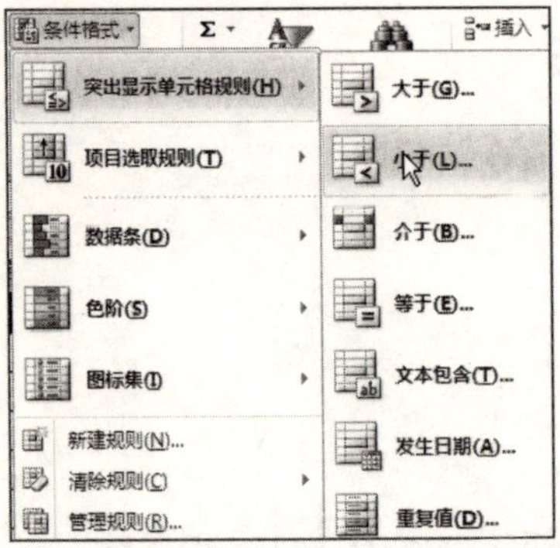

图5-11

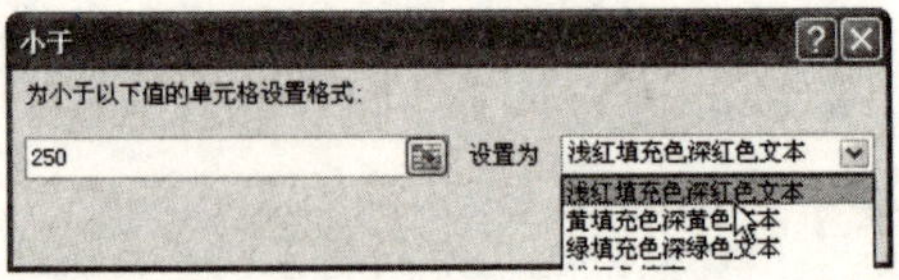

图5-12

使用数据条直观显示毛利大小

选中“毛利”列数据，在“样式”选项组单击“条件格式”下拉按钮，在其下拉列表中选择“数据条”选项，接着在弹出的菜单中选择一种填充格式，如图5-13所示。

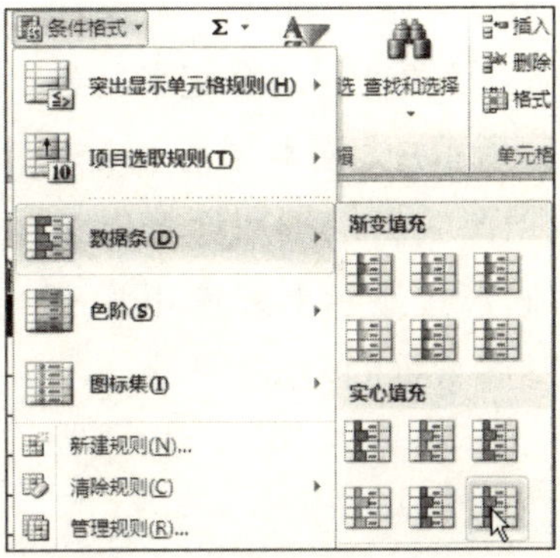

图5-13

王哥：通过以上设置，就可以突出显示你需要表达的重点了，设置后的效果如图5-14所示。

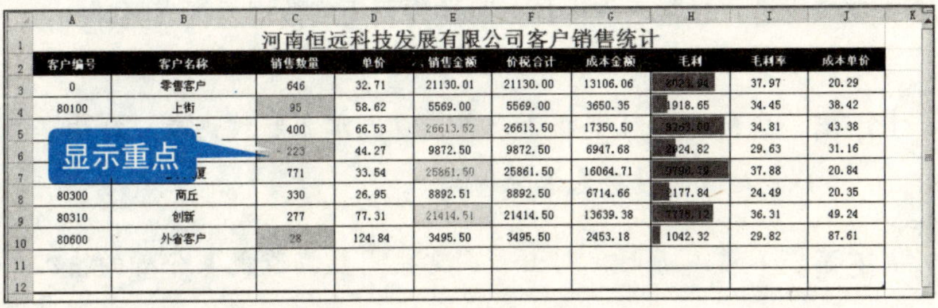

河南恒远科技发展有限公司客户销售统计

客户编号	客户名称	销售数量	单价	销售金额	价税合计	成本金额	毛利	毛利率	成本单价
0	零售客户	646	32.71	21130.01	21130.00	13106.06	[illegible]	37.97	20.29
80100	上街	95	58.62	5569.00	5569.00	3650.35	1918.65	34.45	38.42
[illegible]	[illegible]	400	66.53	26613.52	26613.50	17350.50	[illegible]	34.81	43.38
[illegible]	[illegible]	223	44.27	9872.50	9872.50	6947.68	2924.82	29.63	31.16
[illegible]	[illegible]夏	771	33.54	25861.50	25861.50	16064.71	[illegible]	37.88	20.84
80300	商丘	330	26.95	8892.51	8892.50	6714.66	2177.84	24.49	20.35
80310	创新	277	77.31	21414.51	21414.50	13639.38	[illegible]	36.31	49.24
80600	外省客户	28	124.84	3495.50	3495.50	2453.18	1042.32	29.82	87.61

图5-14

5.2 数据透视表可以这样玩

王哥：小强，前面我们在介绍数据分析时提到可以使用数据透视表来对数据进行分析，现在我们就来看看怎样使用数据透视表玩转数据分析。

数据透视表是分析数据的一种方法，它将排序、筛选和分类汇总3项功能结合起来（如图5-15所示），对数据清单或外来数据源重新组织和计算以多种不同形式显示出来使用户进一步理解数据的内涵。

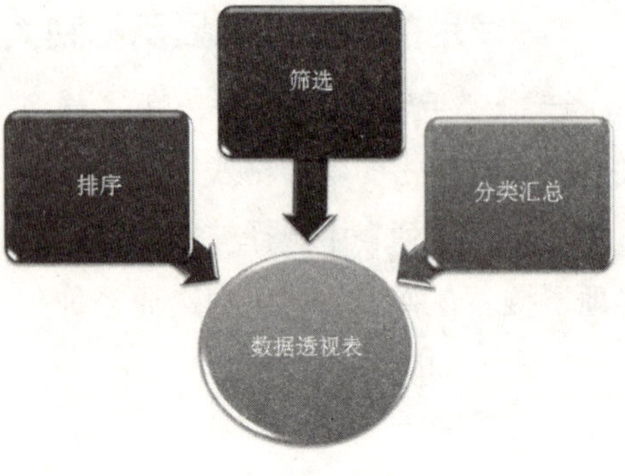

图5-15

小强：听您这么一说，我迫不及待地想要了解它。

5.2.1 何时数据透视表分析数据更佳

王哥继续说道：日常工作中什么时候需要用到数据透视表呢？

小强：您教过，对于数量众多、以流水账形式记录、结构复杂的工作表，可以创建数据透视表来分析。

王哥：不错，下面就列出一些需要用数据透视表分析的情况，如图5-16所示。

数据透视表用途	以优化式查询大量数据
	对数据进行分类汇总和聚合，按分类和子分类对数据进行汇总，创建自定义算公式
	展开或折叠要关注结果的数据级别，查看感兴趣的区域汇总数据明细
	将行移动到列或将列移动到行（或“透视”），以查看源数据不同汇总
	对最有用的最关注的数据子集进行排序、筛选、分组和条件格式设置
	需要提供简明、有吸引力且带有批注的联机报表或打印报表

图5-16

5.2.2 数据源选择有学问

小强： 您前面教过，数据分析的第一步是数据准备，那么创建数据透视表需要准备哪些数据呢？

王哥： 数据透视表的数据来源一般有两种：当前工作表中的数据以及使用外部数据，下面分别就这两种数据源分别谈谈如何创建数据透视表。

使用现有数据源创建数据透视表

Step 01 选择要分析的数据源位置，切换到“插入”选项卡，在“表格”选项组单击“数据透视表”按钮，在弹出的“创建数据透视表”对话框“选择一个表或区域”中选择数据源单元格范围“销售记录表!$A$2:$L$30”，如图5-17所示。

Step 02 选择放置数据透视表的位置。继续在“创建数据透视表”的对话框“选择放置数据透视表的位置”中选择“新工作表”，如图5-18所示。

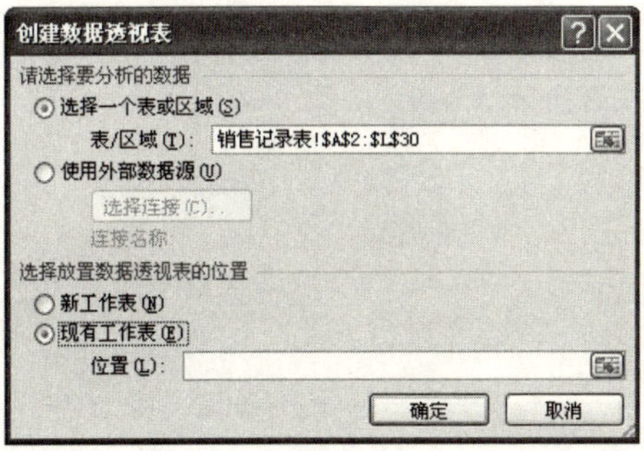

图5-17

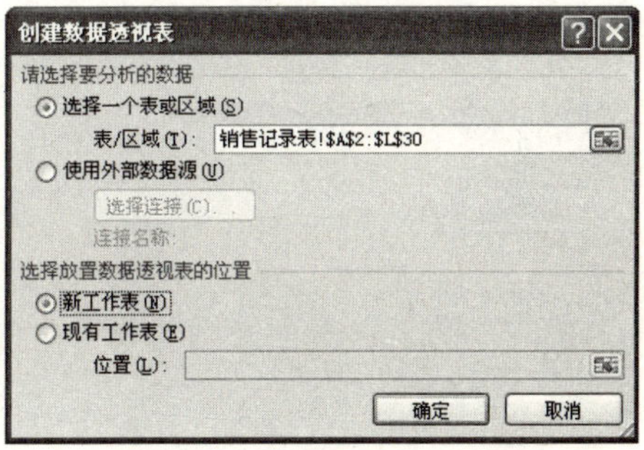

图5-18

如果数据源较小、维度较少。可以选择现有工作表，如果数据较大、维度较多，则可选择新建工作表。

在确定放置数据源及数据表的位置后，即可依据现有数据源创建数据透视表，如图5-19所示。

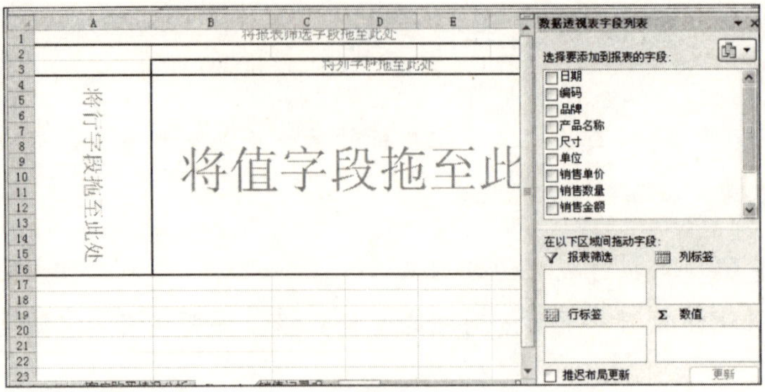

图5-19

➔ 选择数据库中部分数据创建数据透视表

Step 01 选择要分析的数据源位置，打开“数据透视表”对话框，在“创建数据透视表”对话框中单击“表/区域”文本框右侧的折叠按钮，在工作表中选择要创建数据透视表的部分数据源，如：G2:J30，如图5-20所示。

Step 02 单击“确定”按钮，在新工作表中创建数据透视表，即可看到“数据透视表字段类别”中只显示了“销售单价”、“销售数量”、“销售金额”和“业务员”4个字段，选中“业务员”和“销售金额”字段，即可在数据透视表中显示统计结果，如图5-21所示。

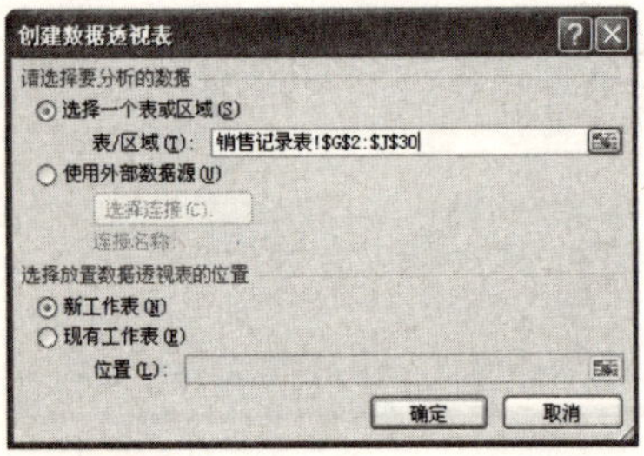

图5-20

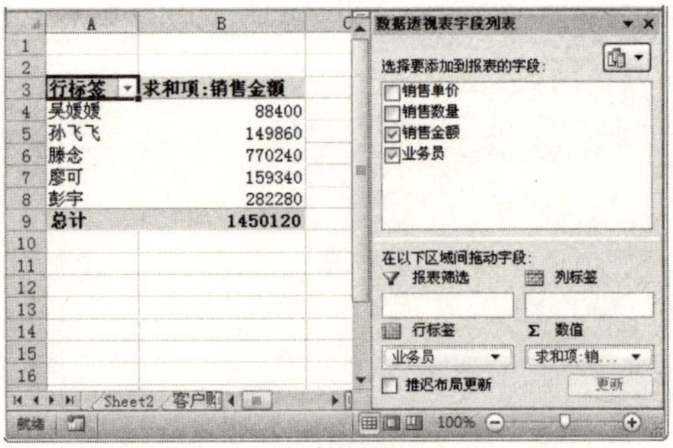

图5-21

➔ 使用外部数据源创建数据透视表

Step 01 选择要分析的数据源位置，打开“数据透视表”对话框，先在“选择放置数据透视表的位置”栏下选择“使用外部数据源”单选项，激活“选择链接”选项，如图5-22所示。

Step 02 打开“现有链接”对话框，在“选择链接”列表框中查询需要的数据源，如果没有需要的数据源，单击“浏览更多”按钮，如图5-23所示。

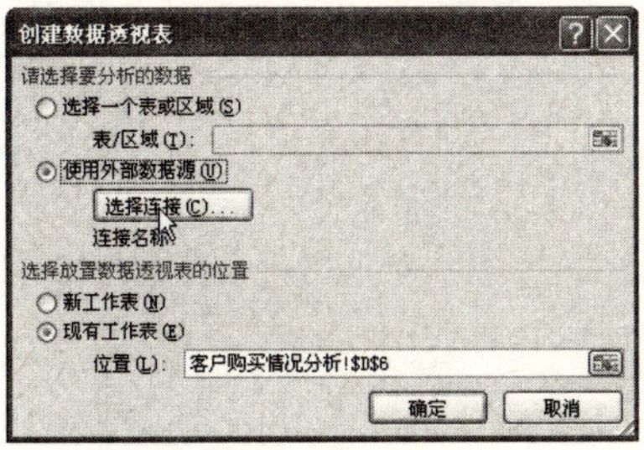

图5-22

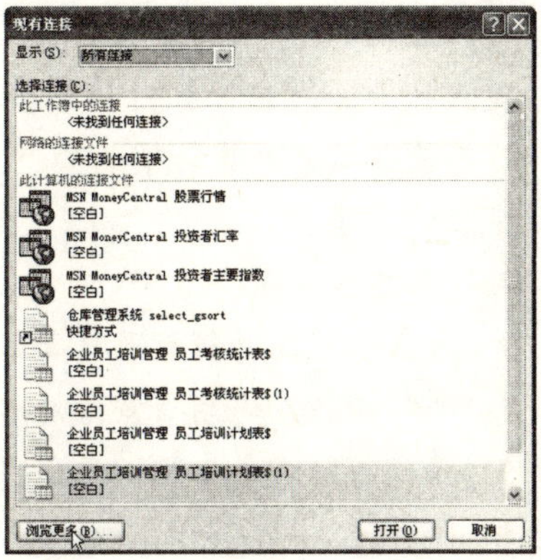

图5-23

Step 03 打开“选择数据源”对话框，在电脑中选择外部数据源所放置，单击打开选项，如图5-24所示。

Step 04 打开“选择表格”对话框，找到数据源所在表格，单击“确定”按钮，即可链接到外部数据源，如图5-25所示。

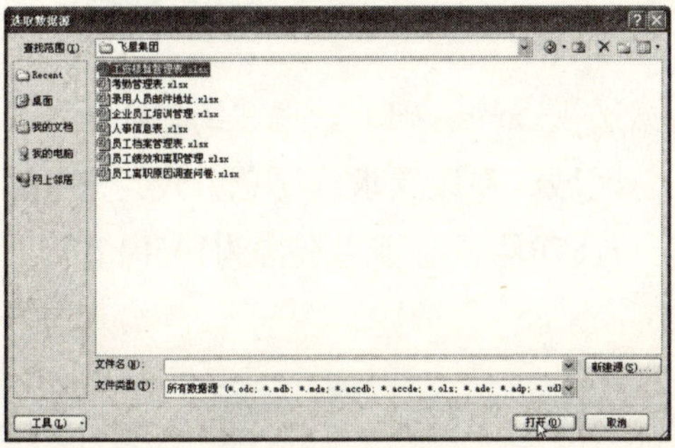

图5-24

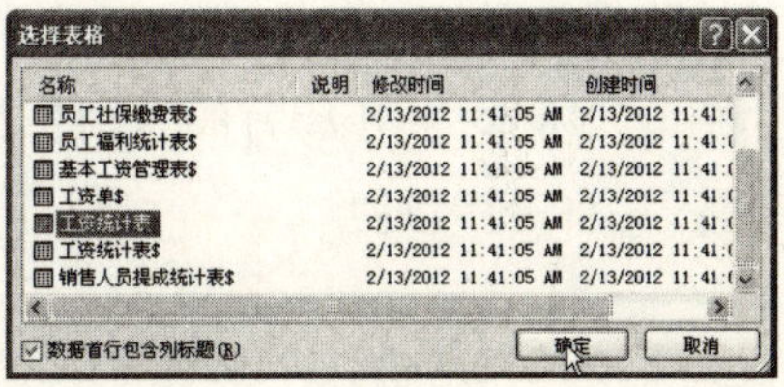

图5-25

在确定放置数据源及数据表的位置后，即可使用外部数据源创建数据透视表。

王哥：创建数据透视表时，也要根据实际需要选择数据源。

小强：数据源的选取也没有想象中那么难。

5.2.3 巧妙设置字段显示效果更不同

王哥：创建数据透视表之后，就可以对数据进行分析。小强，我们现在就看看在具体如何利用数据透视表进行数据分析，以图5-26所示的2011年某公司家具销售明细为例，选择不同的值字段了解一下几个关于公司运营的问题。

- 6月总销量是多少？
- 各个时间段的销量及销售额是多少？
- 那种品牌产品销售量最好，哪种最差？
- 哪个客户购买金额最多，哪个最少？
- 添加值字段求解销售人员奖金。

另外大Boss要单独了解业务员廖可与百家汇家居世界客户之间的交易情况。

王哥意味深长地看了一眼小强：让你小试牛刀解决这几个问题吧？

小强有些底气不足：那我先试试看吧，不对的地方还得您指教。

第一个问题，在创建好的空白数据透视表的基础上，将“销售数量”和“销售金额”两个值字段拖至数值汇总区域，并设置求值汇总方式为求和，如图5-26所示。所以6月的总销售数量为1870件，总销售金额为1450120元，王哥，分析得对吗？

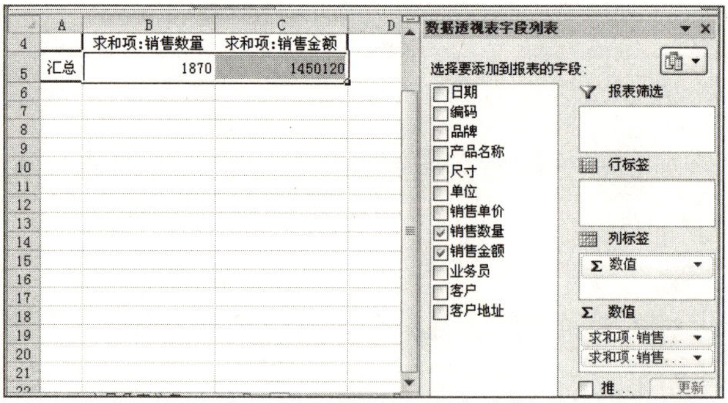

图5-26

王哥：嗯，分析得不错，继续解决第二个问题。

初尝甜头，小强找到了些信心：第二个问题其实只需要在数据透视表添加一个“品牌”维度，即将“日期”字段拖至行标签区域，所以6月份各品牌产品的销售情况如图5-27所示，从这个数据透视表一样可以知道6月的总销售量和销售金额。

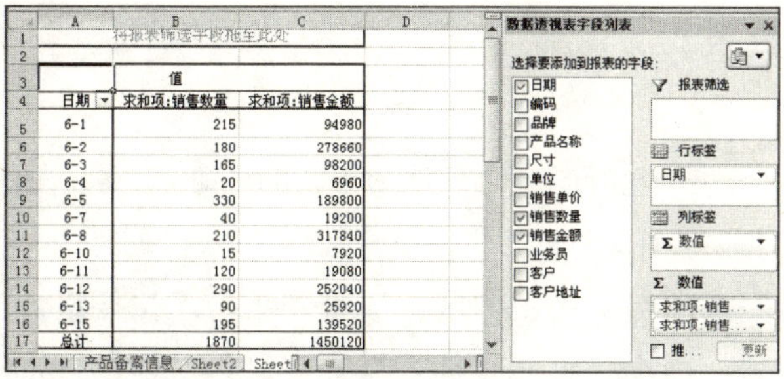

图5-27

王哥：不错，不错，继续下一个问题。

经过前两次的分析，小强底气十足起来：在创建好的空白数据透视表框架的基础上，将“品牌”字段拖至行标签区域或列标签区域，将“销售数量”拖动到数值汇总区域，并设置汇总方式为“求和”，如图5-28所示，6月份“名匠轩”品牌销量最好，“丰穗家居”品牌的销量最差。

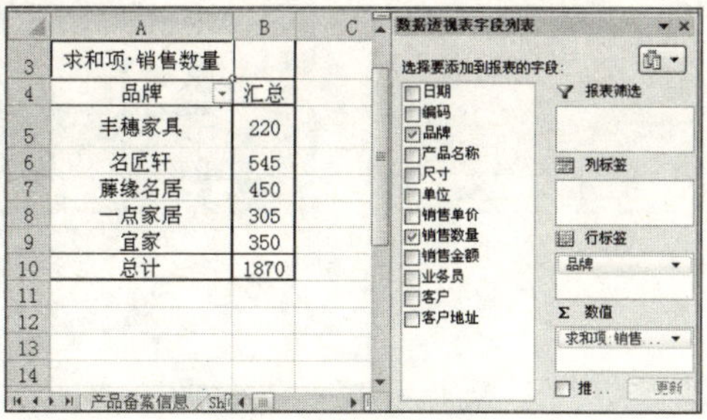

图5-28

第4个问题和第3个问题的操作方法一样，只需要“客户”字段拖至行标签或列标签区域，将“销售金额”字段拖动到数值汇总区域，如图5-29所示，6月份布洛克家居销售金额最少，百家汇家居世界销售金额最多。

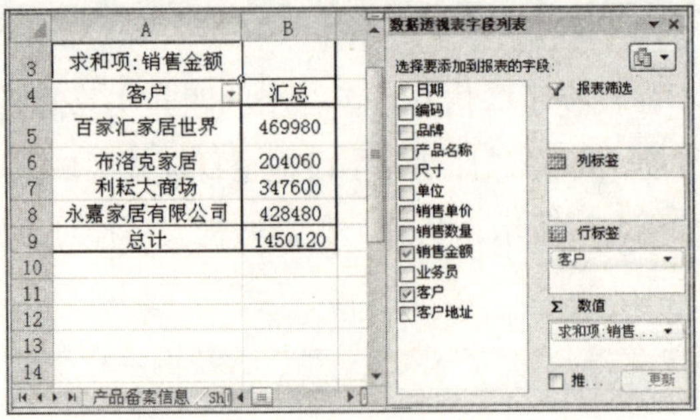

求和项:销售金额	
客户	汇总
百家汇家居世界	469980
布洛克家居	204060
利耘大商场	347600
永嘉家居有限公司	428480
总计	1450120

图5-29

第5个问题，在创建好的空白数据透视表的基础上，将“业务员”字段拖动到列标签区域，“销售金额”字段拖至数值汇总区域。

在“计算”选项组中单击“域、项目和集”下拉按钮，在下拉菜单中选中“计算字段”命令，打开“插入计算字段”对话框，定义“名称”为“提成金额”，然后在公式文本框中在英文状态下输入公式“=IF(销售金额<=10000,销售金额*0.2，销售金额*0.25)”，如图5-30所示。

单击“添加”按钮，即可计算出各业务员的提成金额，单击“确定”按钮，即可在数据透视表中添加提成金额字段，并计算出结果，如图5-31所示。

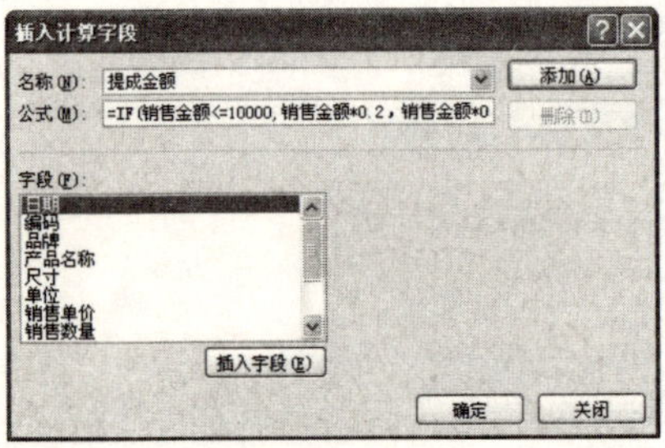

图5-30

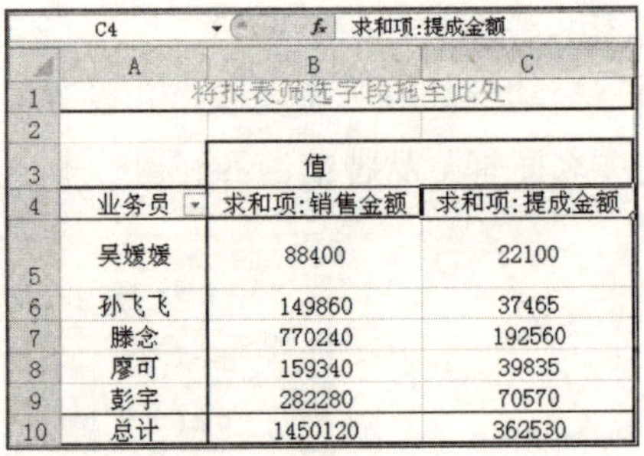

业务员	求和项:销售金额	求和项:提成金额
吴媛媛	88400	22100
孙飞飞	149860	37465
滕念	770240	192560
廖可	159340	39835
彭宇	282280	70570
总计	1450120	362530

图5-31

王哥：非常好，学的数据处理的知识马上用上了，继续最后一个问题吧。

小强：关于大Boss的那个问题，可以用两种方式解决。

方法一：用数据透视表做出所有业务员及所有产品的销售情况，然后找出所要信息。

在创建的空白数据透视表框架中，将“客户”和“业务员”字段拖动到行标签区域，将“销售金额”和“销售单价”字段拖至数值汇总区域，如图5-32所示，廖可与百家汇家居世界客户之间的交易数量为270，交易金额为122320元。

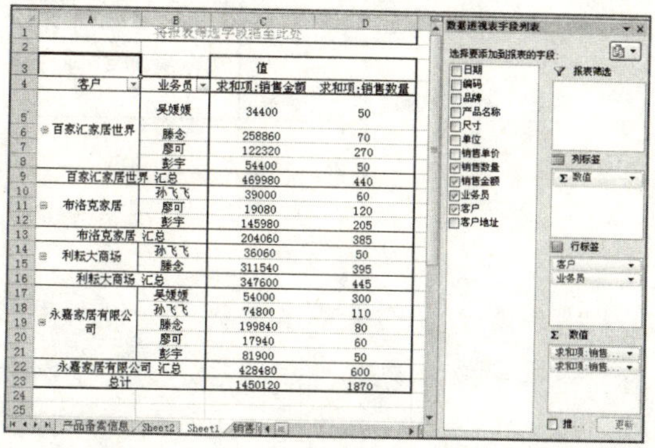

图5-32

方法二：用数据透视表框架中“页字段”或“数据透视表字段列表”窗格的“报表筛选”功能，对客户、业务员、销售数量和销售金额进行筛选，选出所要信息。

在创建的空白数据透视表框架中，将“销售数量”和“销售金额”字段拖动至数值汇总区域，将“客户”和“业务员”字段拖动到“报表筛选”区域，如图5-33所示。

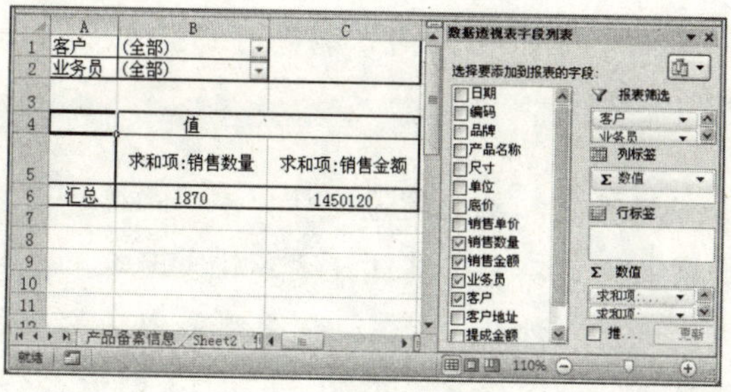

图5-33

在B1单元格右侧的下拉菜单中选择“百家汇家居世界”，单击“确定”按钮，如图5-34所示。按照相同的方法在“业务员”选项中选中“廖可”，最后得到如图5-35所示的结果：廖可与百家汇家居世界客户之间的交易数量为270，交易金额为122320元。

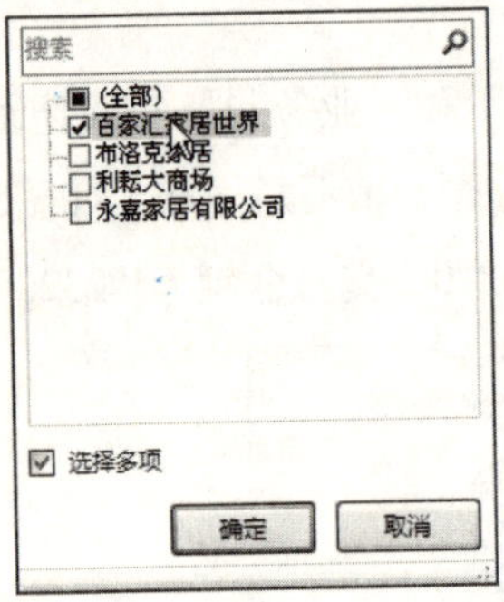

图5-34

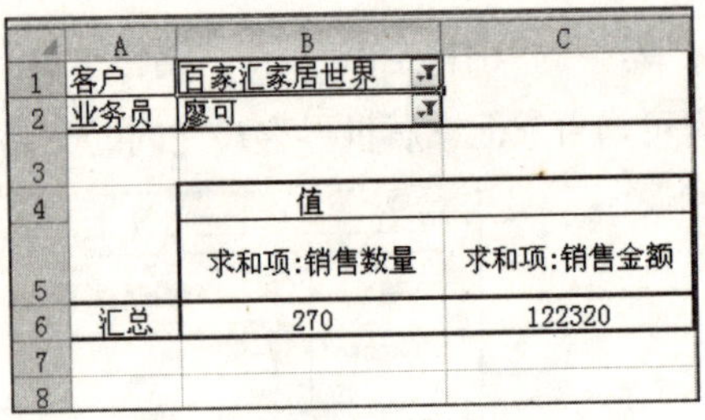

	A	B	C
1	客户	百家汇家居世界	
2	业务员	廖可	
3			
4		值	
5		求和项:销售数量	求和项:销售金额
6	汇总	270	122320
7			
8			

图5-35

王哥：非常棒，看来你已经基本掌握了如何利用数据透视表进行数据分析了，还学会了一题多解，当然以后还需要多加强练习，熟能生巧嘛。

小强：王哥教导有方，我会谨记您的话。

5.2.4　在数据透视表中进行处理也是必要的

王哥：小强，现在你知道怎么用数据透视表去完成员工离职问卷调查分析了吗？

小强：基本都会了，但是问卷调查时都会有多选项，如何对多选题进行分析呢？

王哥：一般情况下，单选题通过计数方式来统计汇总各个选项被选择次数多选题的录入方式决定了其统计方式较为困难，面对多选题时，我们可以用求和方式进行“计数”计算，这要求我们在录入多选题数据时必须是以0、1方式输入，即选择此项输入“1”，否则输入“0”，这样就可以使用求和方式来统计选择此项的人数了，即对多选项进行数据分析。

现在就用新产品上市满意度调查，让用户从新上市的产品中选择满意的产品，可多选，调查结果如图5-36所示。

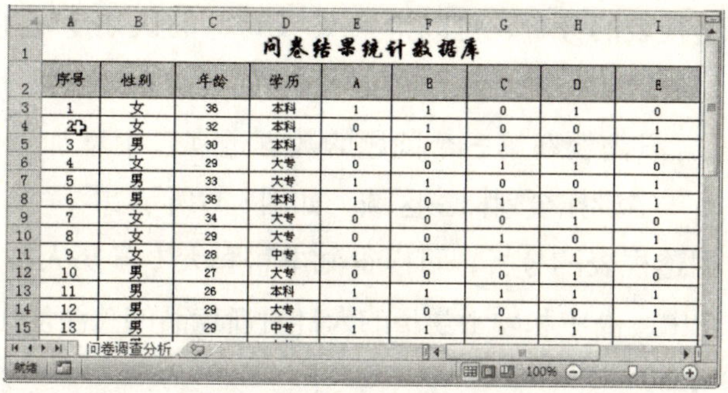

问卷结果统计数据库

序号	性别	年龄	学历	A	B	C	D	E
1	女	36	本科	1	1	0	1	0
2	女	32	本科	0	1	0	0	1
3	男	30	本科	1	0	1	1	1
4	女	29	大专	0	0	1	1	0
5	男	33	大专	1	1	0	0	1
6	男	36	本科	1	0	1	1	1
7	女	34	大专	0	0	0	1	0
8	女	29	大专	0	0	1	0	1
9	女	28	中专	1	1	1	1	1
10	男	27	大专	0	0	0	1	0
11	男	26	本科	1	1	1	1	1
12	男	29	大专	1	0	0	0	1
13	男	29	中专	1	1	1	1	1

图5-36

现在我们就要解决以下几个问题：

- 用户对5个新产品的认知度如何？哪种产品认知度高，哪一种低？
- 不同学历的用户对产品的认知度是否有差异？
- 不同年龄段的用户对牌产品的认知度是否有差异？
- 不同性别的人对产品的认知度是否有差异？

王哥： 小强，用我刚刚所学的知识解决这几个问题吧，好好表现哦。

小强： 那我就关公面前耍大刀，献丑了。

第1个问题，在创建好的数据透视表框架的基础上，将5个产品字段拖至数值汇总区域，这时可以看到统计汇总的结果都为30，如图5-37所示。这就证明了王哥刚刚所说的，使用计数方式对多选项进行分析是不可行的。

依次将5个产品的字段汇总方式在“值字段设置”对话框中更改为“求和”，如图5-38所示。

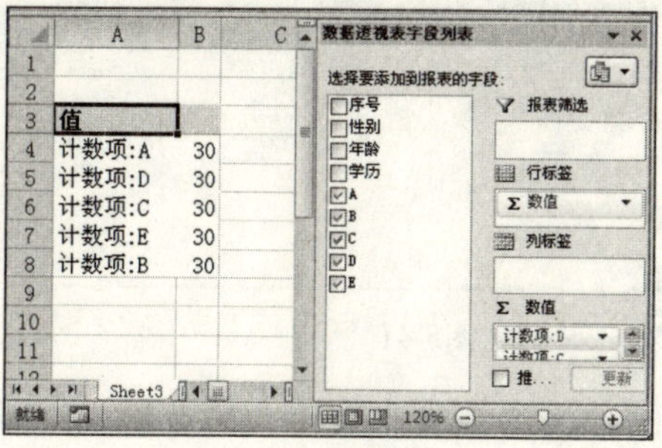

图5-37

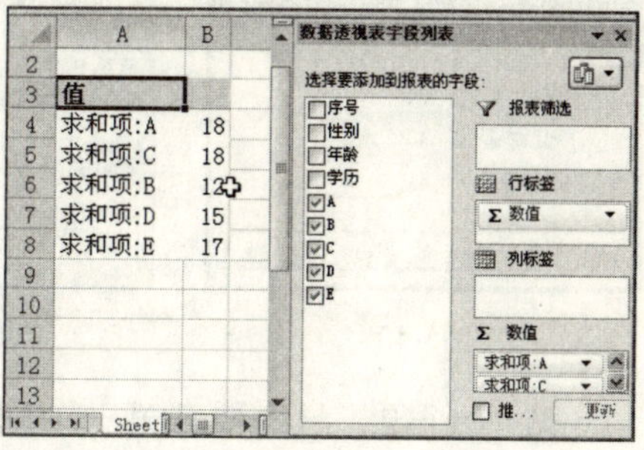

图5-38

通过数据透视表的分析，可以得知A、C产品的认知度较高，B产品的认知度最低。

第2个问题，只需要在第一个问题的数据透视表中增加一个“学历”维度，即将“学历”字段拖至列标签区域，如图5-39所示。

通过对数据透视表的分析，可以得知本科和大专学历人群对新产品的关注度比较多，初中、高中和硕士学历的人群对新产品的关注度比较小。

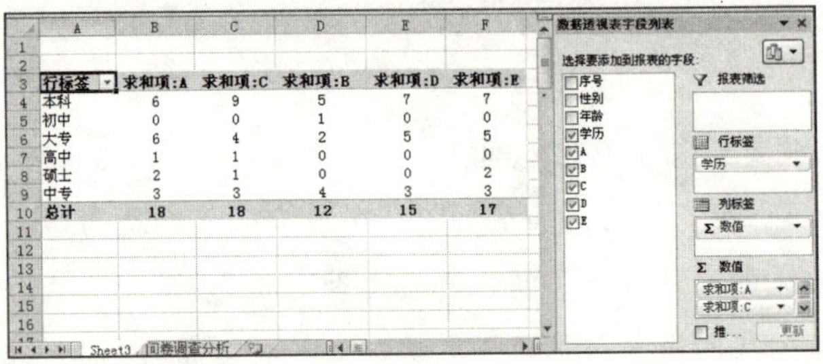

行标签	求和项:A	求和项:C	求和项:B	求和项:D	求和项:E
本科	6	9	5	7	7
初中	0	0	1	0	0
大专	6	4	2	5	5
高中	1	1	0	0	0
硕士	2	1	0	0	2
中专	3	3	4	3	3
总计	18	18	12	15	17

图5-39

第3个问题，因为数据源中没有直接给出年龄段信息，可以使用数据透视表的“分组”功能对数据进行分组。

将“年龄”字段拖至“行标签”选中年龄字段，在“选项”选项卡的“分组”选项组单击“将所选内容分组”选项，在打开的“组合”对话框中设置步长为“6”如图5-40所示。

单击“确定”按钮，即可对年龄字段进行分组，通过数据透视表分析可以得知：产品在24～29岁人群中关注度比较高，在42～48岁人群中关注度比较低，如图5-41所示。

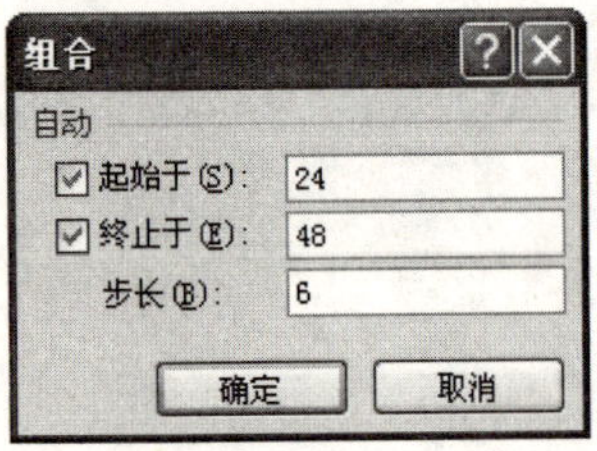

图5-40

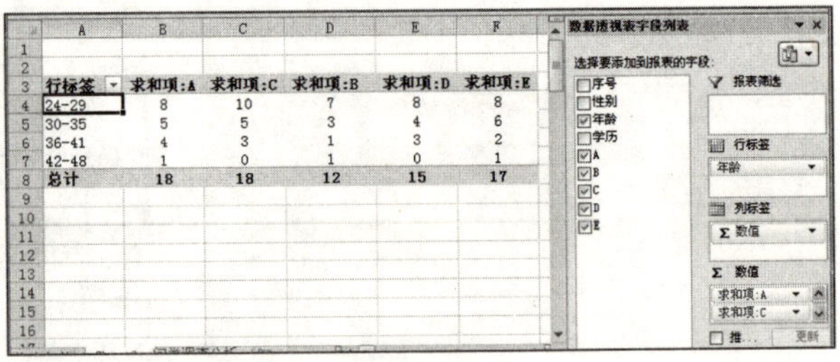

行标签	求和项:A	求和项:C	求和项:B	求和项:D	求和项:E
24-29	8	10	7	8	8
30-35	5	5	3	4	6
36-41	4	3	1	3	2
42-48	1	0	1	0	1
总计	18	18	12	15	17

图5-41

第4个问题，只需要在第一个问题的数据透视表中增加一个“性别”维度，即将“性别”字段拖动到行标签区域，如图5-42所示。

通过分析，可以得出不同性别人群对新产品的关注度的差异。

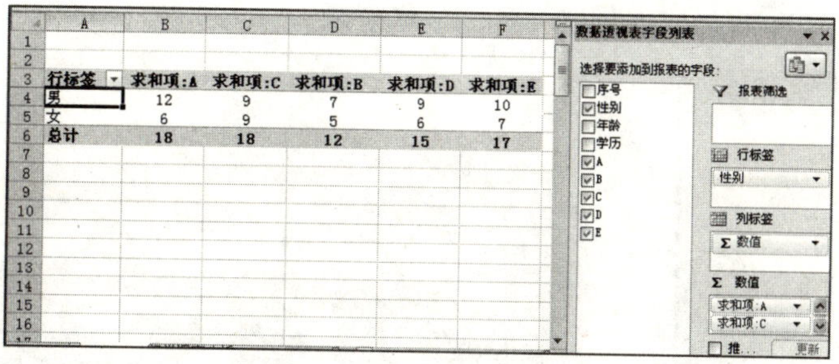

图5-42

王哥频频点头：小强，非常棒，数据处理与数据分析相关的知识都可以熟练地运用了。

小强：这都是您教得好。

5.2.5 让数据也能动起来——动态数据透视表

王哥：小强，你知道什么是切片器吗？

小强：数据透视表的选项功能中有这个功能，但我一直没有试过，有什么神奇的功能吗？

王哥：那我就教你个新鲜的工具——切片器。切片器是Excel 2010新增的功能，可以实现图表的动态显示。切片器是易于使用的筛选组件，它包含一组按钮，使用户可以快速地筛选数据透视表中的数据。下面就以销售统计表来介绍下切片器的使用。

➔ 切片器的添加

在“选项”选项的排序与筛选选项组中单击“插入切片器”下拉按钮，在其下拉列表中选择“插入切片器”选项，打开“插入切片器”对话框，在对话框中选择需要链接的字段，如“客户”、“业务员”、“品牌”，如图5-43所示。

单击“确定”按钮，返回数据透视表，则在数据透视表中添加基本工资、工龄工资和满勤奖切片器，如图5-44所示。

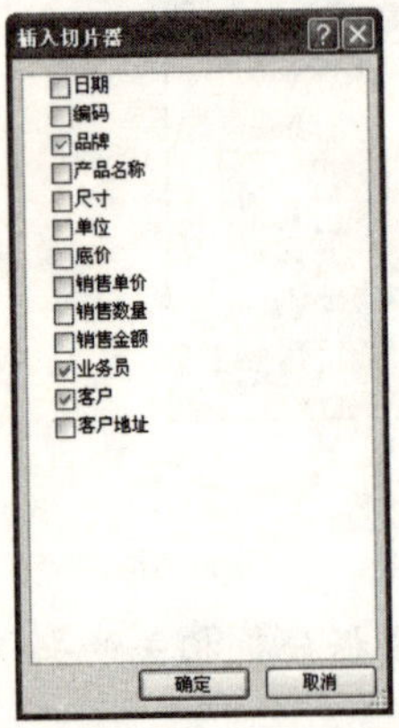

图5-43

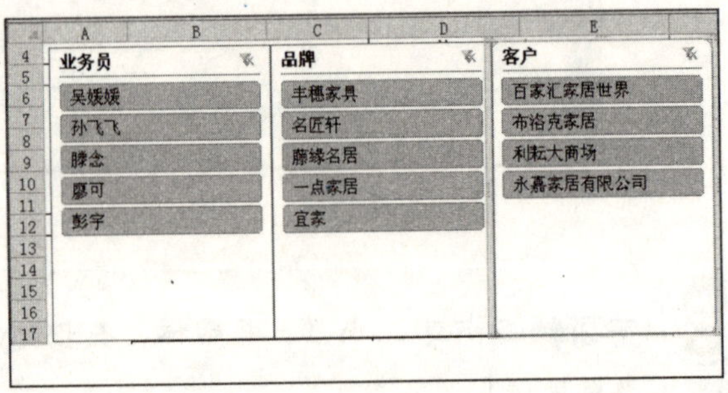

图5-44

小强： 添加了切片器之后怎么实现数据的动态显示呢？

王哥： 这只需要选择切片器中的数值按钮就可以轻易地实现了。

➔ 利用切片器对数据进行动态分割

在“业务员”切片器中选择“滕念”，即可显示出业务员滕念的销售情况，如图5-45所示。

同样，在“品牌”切片器中选择“宜家”，即可分析出宜家产品的销售情况，如图5-46所示。

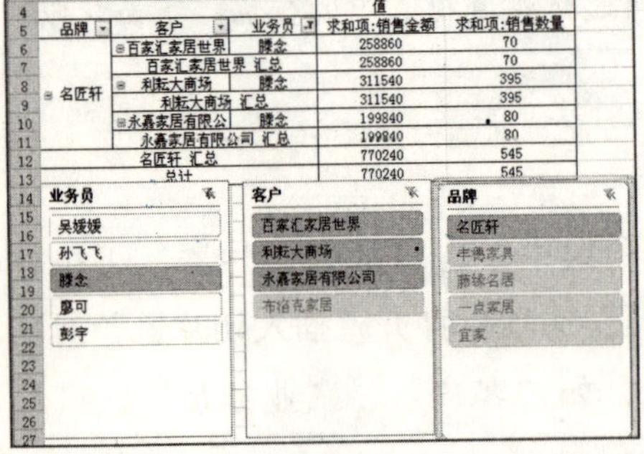

图5-45

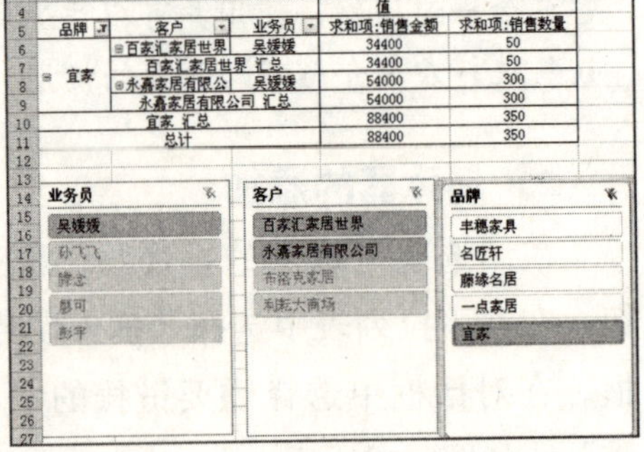

图5-46

王哥：大Boss要单独了解业务员廖可与百家汇家居世界客户之间的交易情况，也可以使用切片器达到分析效果。

在“业务员”切片器中选择“廖可”，在“客户”切片器中选择“百家汇家居世界”即可分析出廖可与百家汇家居世界的交易情况，如图5-47所示。

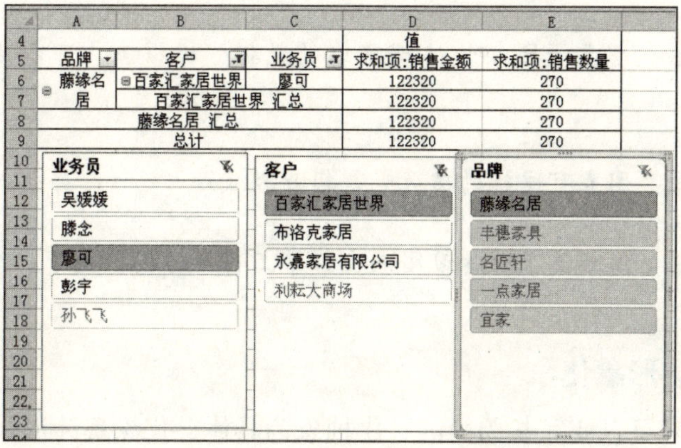

图5-47

小强：添加切片器之后，可以省去拖动字段来实现数据分析的步骤了，还可以实现数据透视表的动态显示。

王哥：总结得不错，小强，你越来越进步了。

5.3 小小图表大世界

小强用王哥传授的数据分析方法和数据透视表分析工具，牺牲了众多脑细胞之后，将自认为完美的十几页表格交给了大Boss，不料大Boss只翻了几页就把表格扔到小强面前：你这是让我在粳米中找糯米吗？给我重新修改。

小强傻眼了，只好硬着头皮回来请教王哥。

5.3.1 为什么要使用图表来展现数据

小强： 王哥，大Boss震怒，嫌我做的表格数据太多，怎么样才能让大Boss一眼看懂我的表格数据呢？

王哥： 想要大Boss快速理解你的数据分析报告，可以让图表来告诉他。

小强： 图表有这样的功效吗？您教教我？

王哥： 这就要了解学习图表在日常工作学习的作用了。

➔ 表达形象化

使用图表可以变冗长为简洁，化抽象为具体，化深奥为形象，使受众更容易理解作者所要表达的主题、观点。

➔ 突出重点

通过对图表中数据系列、字体等信息的特别设置，可以将问题的重点有效地表达出来，使受众更易于接受。

➔ 体现专业化

恰当、得体的图表传递着作者专业、尽职、值得信赖的职业形象。专业的图表可以极大地提升个人的职场竞争力，让老板满意，为个人发展加分。

5.3.2 数据源选择的魅力

小强： 创建数据透视表时选择不同的数据可以选择，那么在创建图表时是不是也可以根据数据源的不同创建呢？

王哥： 聪明，下面就谈谈数据源对图表的影响吧。

选择不连续的数据源创建图表

如果只想要比较几种产品第一季度和第三季度的销售利润统计情况，可以按Ctrl键依次选中产品名称、第一季度和第三季度的销售数据，如图5-48所示。

	A	B	C	D	E	F
1	鼓楼全年利润统计表					单位：万元
2	1.鼓楼商场	1季度	2季度	3季度	4季度	合计
3	纯毛类	5.56	1.58	2.45	6.35	15.94
4	混纺类	4.6	3.15	2.95	5.46	16.16
5	交织类	2.8	4.4	5.42	1.8	14.42
6	纯化纤类	3.52	4.56	5.55	2.12	15.75
7	合计	16.48	13.69	16.37	15.73	62.27
8						

图5-48

切换到“插入”选项卡，在“图表”选项组选择一种柱形图样式，即可创建第一季度和第三季度销售利润统计图，如图5-49所示。

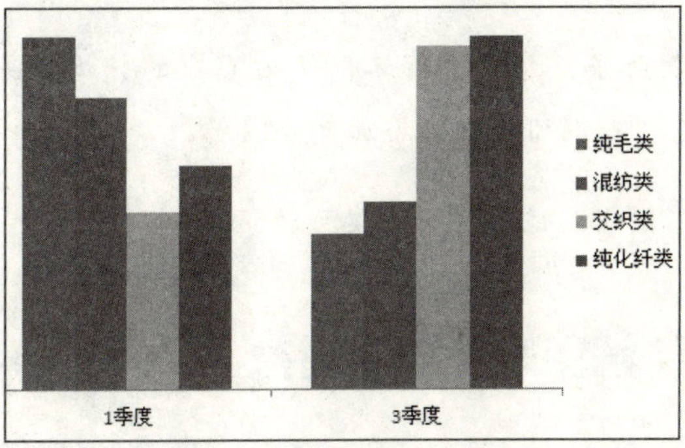

图5-49

从图5-49中可以分析出第一季度纯毛类产品和混纺类产品的销售利润比较高，而第三季度正好相反。

小强： 图表比数据的表达性要强烈很多啊。

王哥： 不仅可以直观地显示数据，还可以根据需要来对数据源进行更改。

重新更改建立图表数据源

创建图表后自动激活“图表工具”选项卡，在 “设计”选项卡下“数据”选项组中的“选择数据”选项，打开“选择数据源”对话框，可以重新设置图表数据源，如图5-50所示。

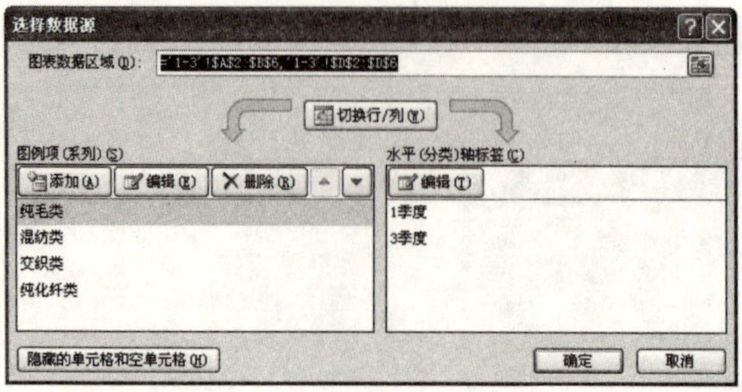

图5-50

王哥：这样就可以不用从新选择数据源来创建图表，直接可以对图表进行更改。

小强：明白了，想要选择不同工作表中的数据源进行图表创建，是不是只需要在“图例项”进行添加就可以了？

王哥：不错啊，已经学会触类旁通了。

5.3.3 了解图表类型与对象

王哥：小强，我来考考你，你知道学习和工作中经常用到的图表有哪些吗？

小强想起自己平时在网站、书籍上见过的奇奇怪怪的图表，答道：据我自己的了解和归纳，应该有饼图、柱形图、条形图、折线图、散点图等几大类。

王哥：还有一个最基础的——表格，我们常说的图表就是图形加表格，如图5-51所示。柱形图、条形图、折线图、饼图、散点图以及表格是六类最基本图表，很多复杂的图表都是从这些最基本的图表衍生出来的。

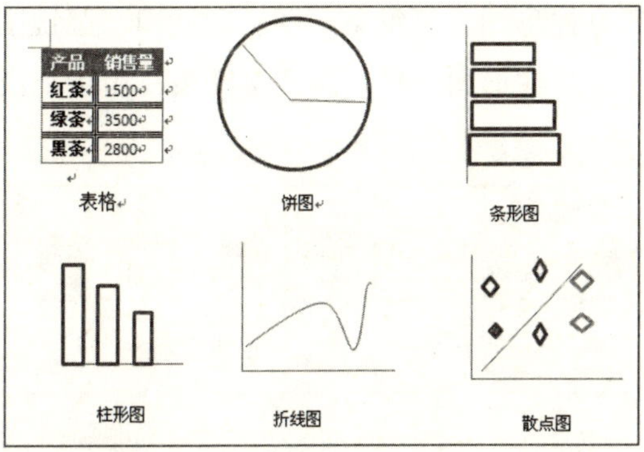

图5-51

小强： 在网上看到网友提倡在工作中尽量设计“经济适用型图表”，“经济适用型图表”到底是什么？

王哥： 这是大家对工作图表提出的新叫法，就是提倡图表设计要简单实用、重点突出。柱形图、条形图、折线图、饼图、散点图等都可以这样称呼。下面介绍常用的5大图表。

➜ 柱形图的对象

柱形图用来显示一段时间内数据的变化或者描述各项目之间的数据比较。它强调一段时间内类别数据值的变化。

柱形图分为二维柱形图、三维柱形图、圆柱图、圆锥图、棱锥图几大类（如图5-52所示）。二维柱形图显示的是二维平面图，三维柱形图显示的是三维立体图……这几类图表在用途上没有区别，只是柱的形状不同而已。

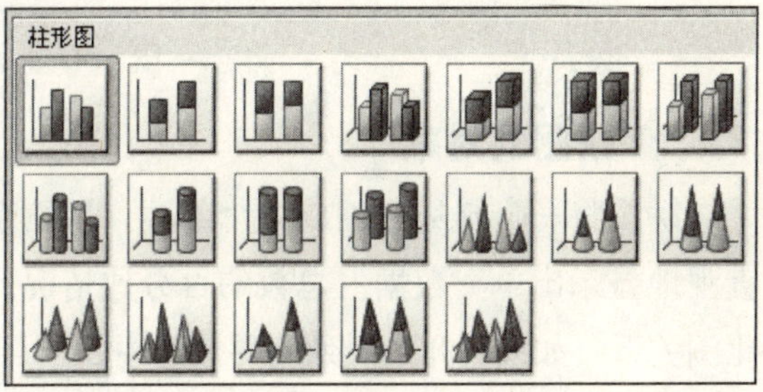

图5-52

➜ 条形图的对象

条形图显示各个项目之间的对比，主要用于表现各个项目之间的数据差额，可以将其看成是顺时针旋转90°的柱形图，与柱形图的表达效果类似。

条形图分为二维柱形图、三维条形图、圆柱图、圆锥图、棱锥图几大类（如图5-53所示），与柱形图一样，这几类图表在用途上没有区别，只是条状各不相同。

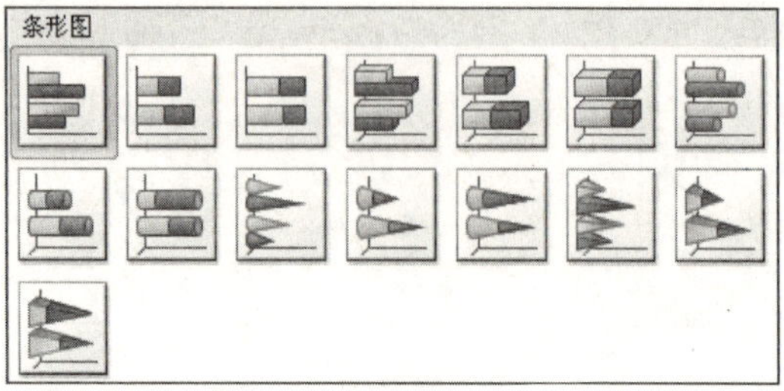

图5-53

折线图的对象

折线图显示的是线条的效果，因此非常适合显示数据的变化趋势，强调的是时间性和变动率。

折线图有7种类型，分别为折线图、堆积折线图、百分比折线图、带数据标记的直线图、带数据标记的堆积折线图、带数据标记的百分比折线图、三维折线图，如图5-54所示.

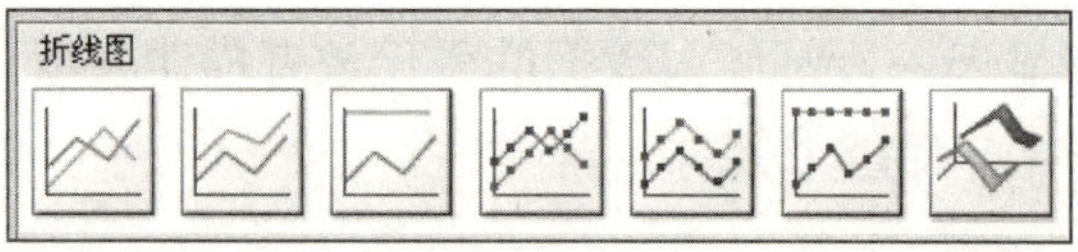

图5-54

饼图的对象

饼图将一个圆环分割成多个部分，并填充不同的颜色或图案，可以非常直观地显示出单一数据占总数的百分比情况。饼图只能显示一个系列的数据比例关系，如果有几个系列同时被选中，则只会显示其中一个系列。

饼图有6种类型，分别为饼图、三维饼图、复合饼图、分离型饼图、分离型三维饼图和复合条饼图，如图5-55所示。

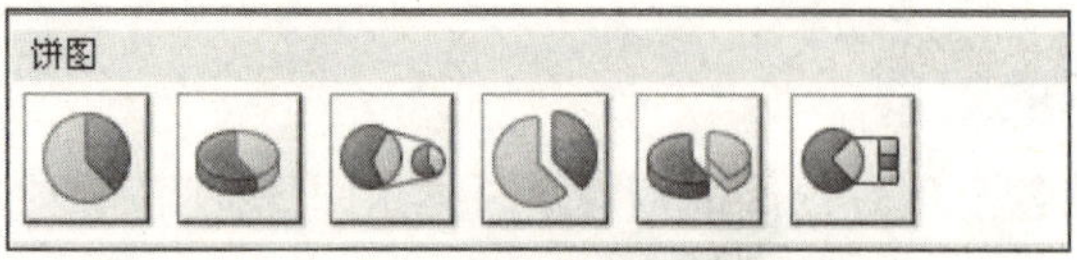

图5-55

散点图的对象

XY散点图用于展示成对的数据之间的关系。对于每一对数字，一个数被绘制在垂直轴上，而另一个被绘制在水平轴上。它与其他图表都不一样，因此要根据当前数据源合理选择，散点图也经常用于绘制函数图像。

XY散点图有5种类型，分别为散点图、平滑线散点图、无数据点平滑线散点图、折线散点图、无数据点折线散点图，如图5-55所示。

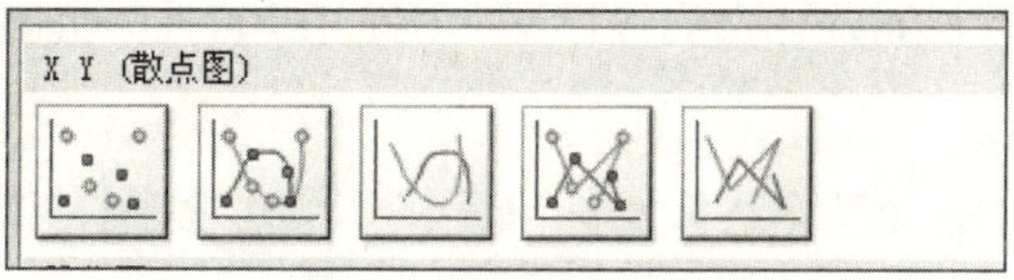

图5-56

5.3.4 “迷你图”更迷你

王哥：听得快睡着了吧？前面在介绍表格装扮的时候提到了用条件格式来美化表格，现在给你介绍一种可以在单元格内绘制的图表——迷你图，效果如图5-57所示。

	A	B	C	D	E	F	G
1	各销点全年利润统计表					单位：万	
2	1.鼓楼商场	1季度	2季度	3季度	4季度	合计	迷你图
3	纯毛类	5.56	1.58	2.45	6.35	15.94	
4	混纺类	4.6	3.15	2.95	5.46	16.16	
5	交织类	2.8	4.4	5.42	1.8	14.42	
6	纯化纤类	3.52	4.56	5.55	2.12	15.75	
7	合计	16.48	13.69	16.37	15.73	62.27	
8							
9	2.百货大厦	1季度	2季度	3季度	4季度	合计	
10	纯毛类	4.56	2.02	2.02	6.56	15.16	
11	混纺类	3.89	2.34	2.01	4.6	12.84	
12	交织类	2.32	3.8	4.4	1.58	12.1	
13	合计	10.77	8.16	8.43	12.74	40.1	
14							
15	3.红舞专卖	1季度	2季度	3季度	4季度	合计	
16	纯毛类	6.02	1.25	2.58	6.72	16.57	
17	混纺类	4.6	3.15	3.15	4.6	15.5	
18	交织类	2.8	4.4	4.4	2.8	14.4	
19	合计	13.42	8.8	10.13	14.12	46.47	

图5-57

小强一下子来了精神：呀？还可以将图表做得这么炫啊？

王哥： 迷你图是Excel2010中的一个新功能，它是工作表单元格中的一个微型图表，可以提供数据的直观表示。使用迷你图可以显示数值系列中的趋势，或者突出显示最大值和最小值，在数据旁放置迷你图可以达到最佳效果。

迷你图不是对象，它实际上是单元格背景中的一个微型图表，以图5-57所示各个商场全年利润统计表的迷你图为例，在Excel 2010中插入迷你图的方法如下：

Step 01 选中要制作迷你图的单元格G3，切换到“插入”选项卡，在“迷你图”选项组中单击“柱形图”。

Step 02 打开“创建迷你图”对话框，选中所需制作迷你图的数据范围B3:E3。

Step 03 单击“确定”按钮，即可生成柱形迷你图。

Step 04 选中G3单元格，向下拖动鼠标，可以在G4:G6单元格区域内创建柱形迷你图，且数据的位置也会发生相应的改变。

迷你图有柱形图、折线图和盈亏图三种，在“迷你图”选项组选中不同类型可以创建不同的迷你图，如图5-57百货大厦的全年利润统计采用了折线迷你图。

创建好迷你图后，可以在“设计”选项卡中更改迷你图样式和标记迷你图的颜色，如图5-58所示。

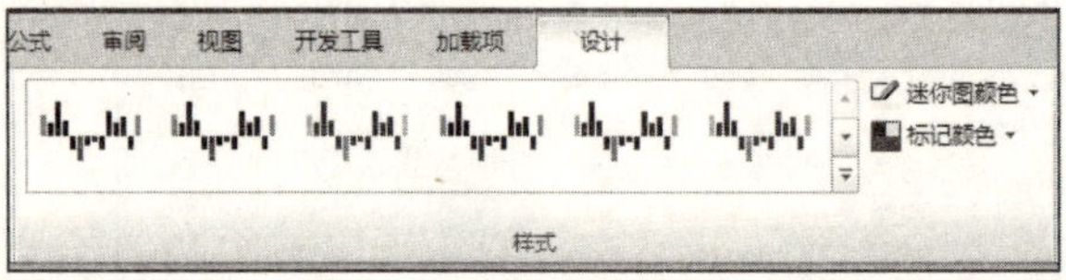

图5-58

5.3.5 图表换装也方便

王哥： 前面我们介绍了图表的基本类型，这些类型的图表可以解决工作中80%以上的问题，当然还会遇到一些棘手的问题。

小强： 需要高手出招才能解决问题？

王哥： 是的，当遇到比较困难的图表问题时，可以在基础图表的基础上对表格进行处理，使其可以解决复杂的问题。

平均线图

王哥： 平均线图示在原来的柱形图或折线图的基础上添加一条平均线，如图5-59所示。

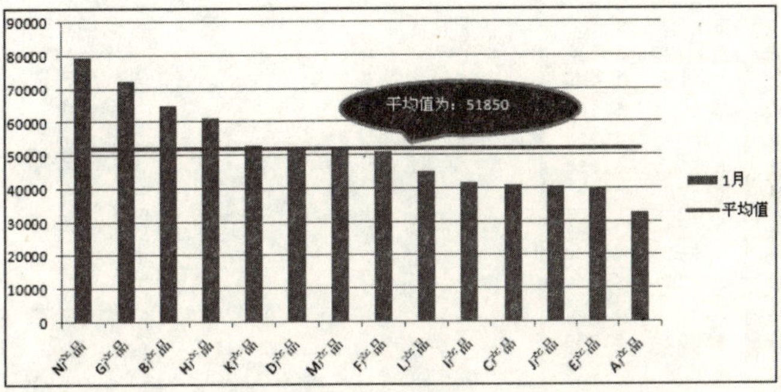

图5-59

小强： 这个也太简单了吧？

王哥： 别看图表很简单，作用可不小呢，平均线充分贯彻了“对比”二字，它可以用来对比图中各对象之间与平均线的差距，直观地显示出哪些对象超过平均值，哪些未达到，简单而有效。

小强： 那怎么绘制平均线图呢？

王哥： 在Excel 2007版本以上，我们需要手动绘制平均线，以图5-60所示数据源绘制出图5-61的平均线图。

Step 01 准备数据。在C3单元格输入公式“=AVERAGE($B$3:$B$16)”计算出各产品的平均值，并填充到C16单元格。

Step 02 选择A2:C16单元格区域，创建柱形图。

Step 03 在柱形图中选中“平均值”数据系列，在右键菜单中选择“更改图表类型”命令，将柱形图更改为“折线图”，即可完成平均线图的绘制。

为了方便查看，可以对数据源中的数据按照利润额进行降序排序，即可从图表中清楚明白N、G、B、H产品的利润额高于平均利润，而L、I、C、J、E、A产品的利润额低于平均利润。

图表绘制完成后，为了方便表达平均利润，可以在平均线上添加标注，标注平均值为51850，如图5-61所示。

	A	B	C
1	产品利润		
2	产品	1月	平均值
3	N产品	79400	51850
4	G产品	72500	51850
5	B产品	64950	51850
6	H产品	60950	51850
7	K产品	52700	51850
8	D产品	51950	51850
9	M产品	51950	51850
10	F产品	50900	51850
11	L产品	45000	51850
12	I产品	41800	51850
13	C产品	40900	51850
14	J产品	40600	51850
15	E产品	39700	51850
16	A产品	32600	51850
17			

图5-60

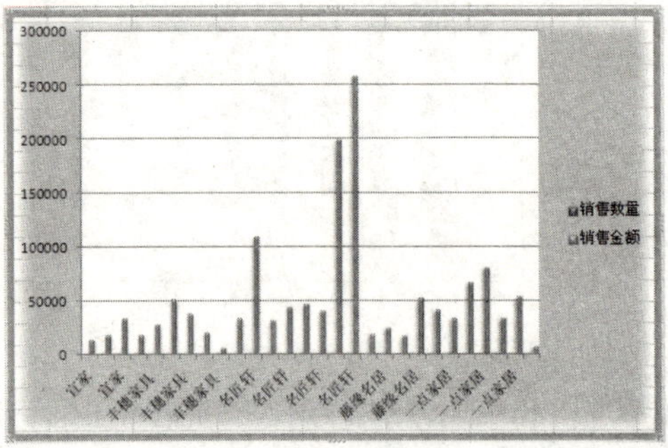

图5-61

➔ 双坐标图

王哥： 刚介绍了平均线图，接下来继续学习双坐标图，你知道双坐标图是什么样的吗？在什么情况下使用呢？

小强： 这个我没有见过，但顾名思义，双坐标图一样是有两个坐标轴，对吗？

王哥： 回答正确，双坐标轴比平常的图表多了一个纵坐标轴，我们称之为次纵坐标轴，在图表右侧显示，又称之为右轴。

一般在图表中有两个系列以上的数据，如果它们的量纲不同或者数据差别很大，在同一坐标轴中就无法很好地展现出数据原本的面貌，如图5-61所示。因为数量和金额的单位不一样，且数量差别太大，在同一个坐标轴下就无法很好地了解各产品的销售数量和金额，此时我们可以将数量采用次纵坐标轴来显示。

Step 01 选中“销售数量”数据系列，在右键菜单中选择“设置数据系列格式”，打开“设置系列格式”对话框，在“系列绘制在”选项下单击“次坐标轴”。

Step 02 单击“确定”按钮，效果如图5-62所示。

小强： 咦？两组数据系列重叠在一起了，这怎么看得清楚呢？

王哥： 刚学过的就忘记了？将“销售数量”这一系列的柱形图更改为折线图不就解决了？

Step 03 在右键菜单中选择“更改系列图表类型”选项，将柱形图更改为“带数据标记的折线图”这样双坐标图基本制作完成，效果如图5-63所示。

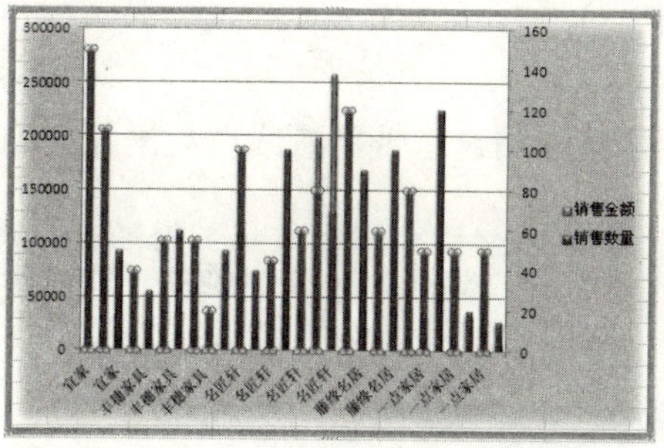

图5-62

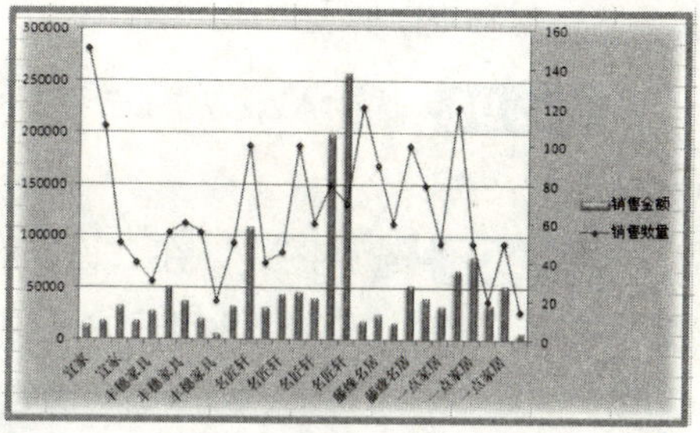

图5-63

王哥： 小强，用双坐标图来展示，效果时不是好多了？这样的图有柱形图和折线图组成，我们通常把它称之为柱形图，还可以通过占位的方法制作双柱图和双线图，占位的方法后面再告诉你。

竖型折线图

王哥：小强，双坐标图会用了吧？下面来学习竖直线图。

小强：基本会了，回去再消化。

王哥：竖直线图主要用在市场研究、咨询等公司使用较多，用它来展示消费者对产品功能、品牌形象等的评价，可用于多种产品在每个指标方面的表现。

竖型折线图是将折线图立起来，如图5-64所示，因为图形中的折线看起来像蛇，又称之为蛇形图。

竖型折线图是采用“带平滑线和数据标记的散点图”绘制的，另外通过两个辅助系列增加对应的标签，现在以图5-65所示的数据来制作竖型折线图。

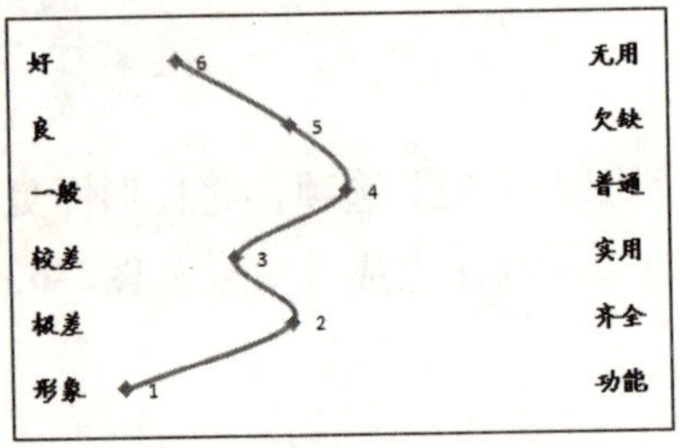

图5-64

	A	B	C	D	E	F
1	品均评分	辅助列1	辅助列2	轴坐标	辅助列1	辅助列2
2	1.0	0	5	1	形象	功能
3	2.5	0	5	2	极差	齐全
4	2.0	0	5	3	较差	实用
5	3.0	0	5	4	一般	普通
6	2.5	0	5	5	良	欠缺
7	1.5	0	5	6	好	无用
8						

图5-65

Step 01 选中A2:A7、D2:D7单元格区域创建“带平滑线和数据标记的散点图”。

Step 02 选中图表，在“设计”选项卡的“数据”选项组单击“选择数据”选项，打开“选择数据源”对话框。单击“添加”按钮，如图5-66所示。

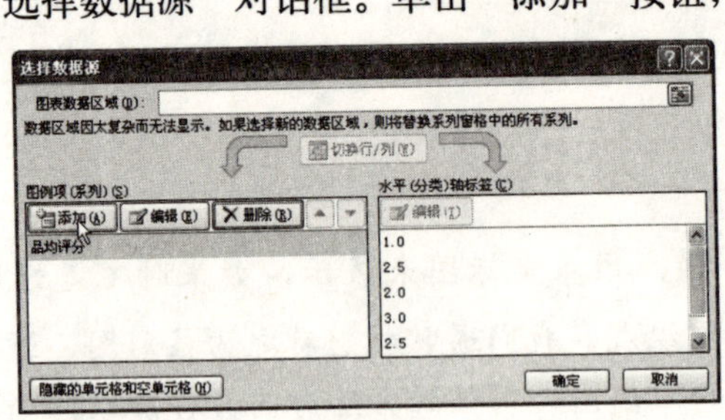

图5-66

Step 03 打开“编辑数据系列”对话框，分别添加数据系列名称“辅助列1”、X轴(B2:B7)、Y轴(D2:D7)，单击“确定”按钮，如图5-67所示。

Step 04 重复步骤3，打开“编辑数据系列”对话框，分别添加数据系列名称“辅助列2”、X轴(C2:C7)、Y轴(D2:D7)，单击“确定”按钮，如图5-78所示。

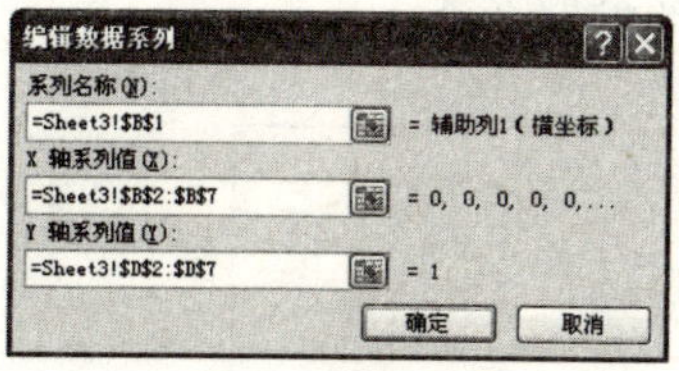

图5-67

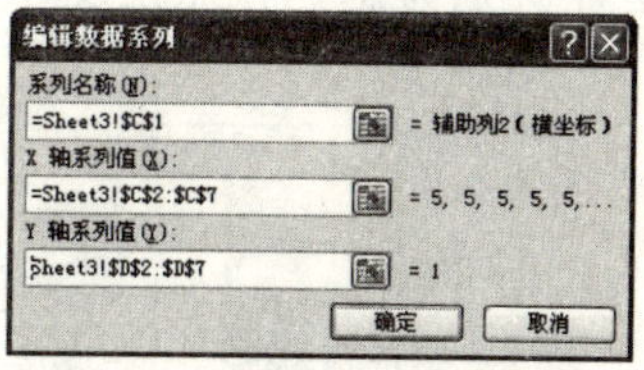

图5-68

王哥： 再次单击“确定”按钮，即可完成竖型折线图的制作，效果如图5-69所示。

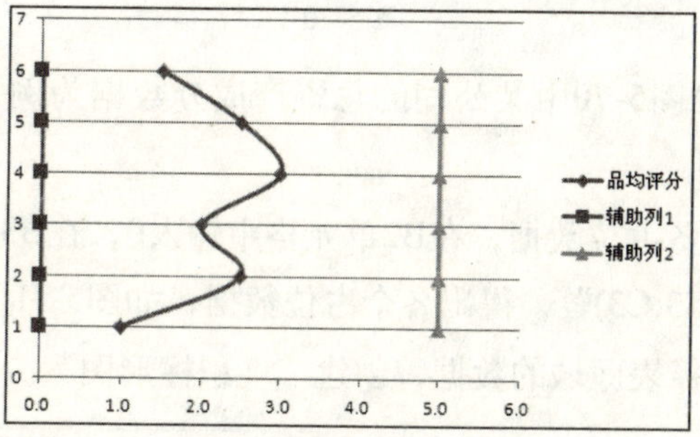

图5-69

王哥： 使用JWalk Chart Tools工具，添加辅助列1、辅助列2。隐藏图表中的辅助列、网格线、刻度线之后，效果如图5-69所示。

小强： 王哥，真厉害，我回去要好好消化。

瀑布图

王哥： 还记得前面说过的使用占位法绘制双坐标轴图吗？下面介绍瀑布图，教你占位法的使用。

小强： 我已经迫不及待地想要学了。

王哥： 瀑布图也叫做步行图、阶梯图，在企业的经营分析、财务分析中使用比较多，如图5-70所示，第一根柱子表示该公司的资产，后面4根柱子分别为总资产的组成部分，表示成本的分类。

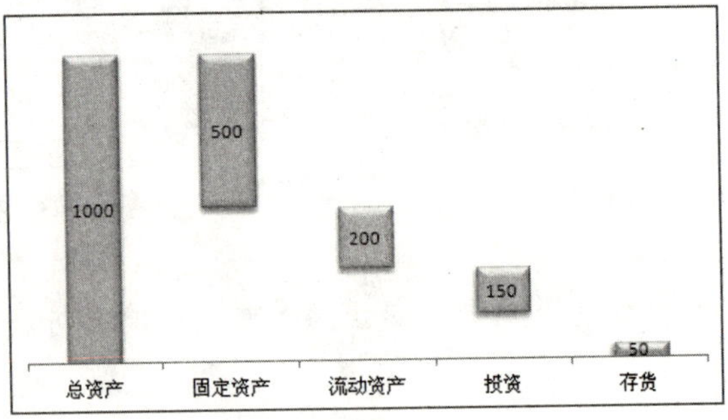

图5-70

现在我们就以图5-70中某公司的总资产成分数据为例，讲述如何利用占位法来制作瀑布图。

Step 01 准备占位数据，在B2单元格中输入0，在B3单元格中输入公式“=$C$2-SUM($C$3:C3)”，得出各个占位数据，如图5-71所示。

Step 02 选择表区域的数据，创建“堆积柱形图”，如图5-72所示。

B3　　fx　=$C$2-SUM($C$3:C3)

	A	B	C	D	E
1	项目	占位数	成本		
2	总资产	0	1000		
3	固定资产	500	500		
4	流动资产	300	200		
5	投资	150	150		
6	存货	0	50		
7					

图5-71

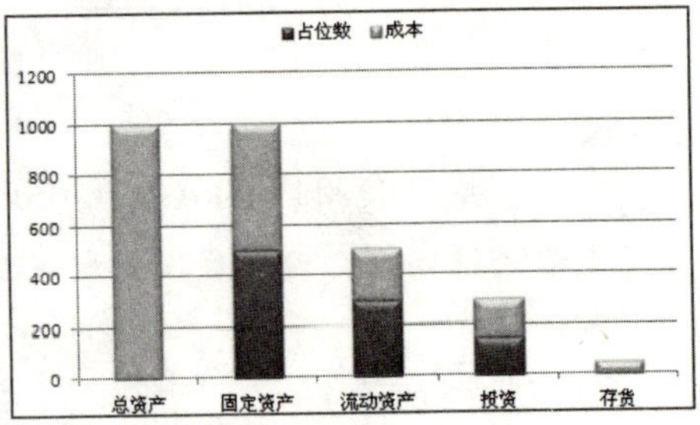

图5-72

Step 03 选中占位数数据系列，在“格式”选项组，在“形状样式”选项组设置数据系列为“无轮廓”、“无填充”，这样就可以把占位数据柱形隐藏起来，单击“关闭”按钮即可。

王哥：删除图例、坐标轴、网格线以及刻度线，添加数据标签，这样瀑布图就绘制完成了，效果如图5-70所示。

漏斗图

王哥：小强，在数据分析方法中我们已经介绍了什么是漏斗图，如图5-73所示。你知道它是怎么绘制的呢？

小强仔细琢磨了一下：是不是用堆积条形图改编成的？而且也是用占位数把实际的条形图挤到中间去。

王哥：非常好，已经融会贯通了。下面就看具体的做法。

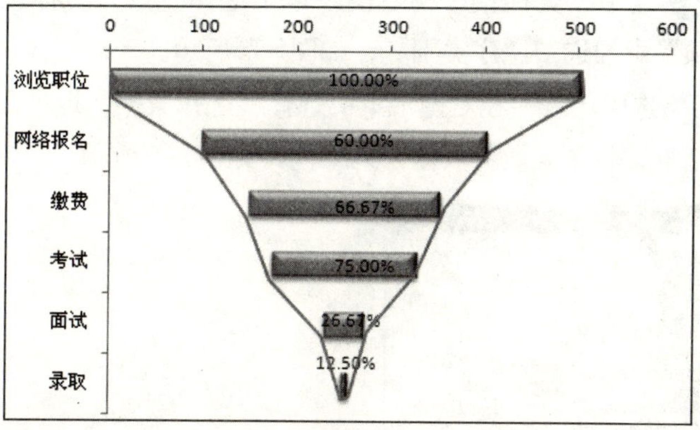

图5-73

Step 01 准备占位数据，在C2单元格中输入0，在C3单元格中输入公式“=($B$2-B3)/2”，得出各个占位数据，如图5-74所示。

C3 =($B$2-B3)/2

	A	B	C	D	E
1	环节	人数	占位数据	每节转化率	总体转化率
2	浏览职位	500	0	100%	100.00%
3	网络报名	300	100	60.00%	60.00%
4	缴费	200	150	66.67%	66.67%
5	考试	150	175	75.00%	75.00%
6	面试	40	230	26.67%	26.67%
7	录取	5	247.5	12.50%	12.50%
8					

图5-74

Step 02 选择A1:E7单元格区域，创建“堆积柱形图”，效果如图5-75所示。

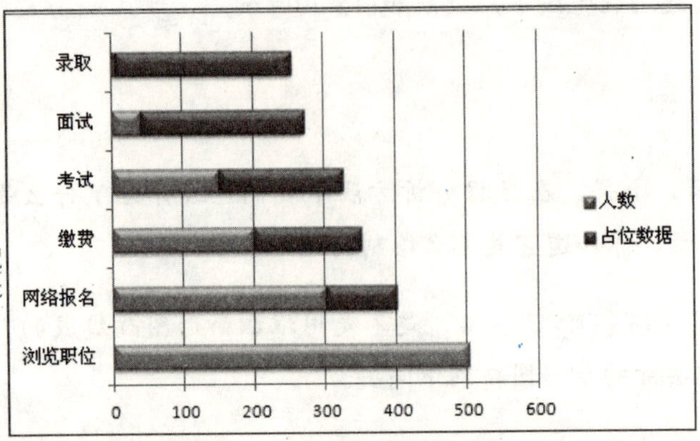

图5-75

Step 03 选中纵坐标轴，在右键菜单中选择“设置坐标轴格式”，在“坐标轴选项”中勾选“逆序类别”，如图5-76所示。

Step 04 选中图表，在右键菜单中选择“选择数据”选项，打开“选择数据源”对话框，将“人数”数据系列下调，如图5-77所示。

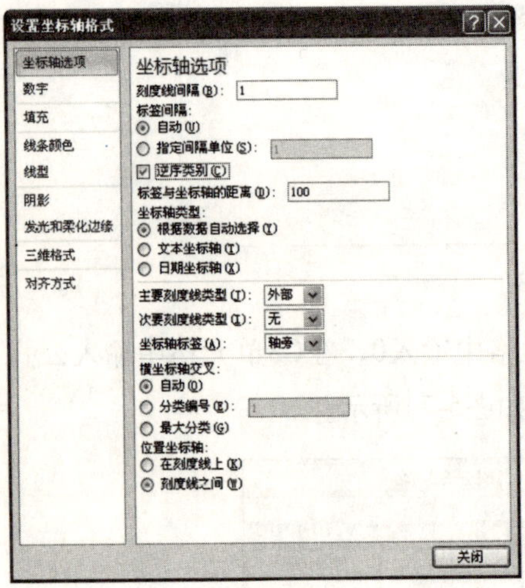

图5-76

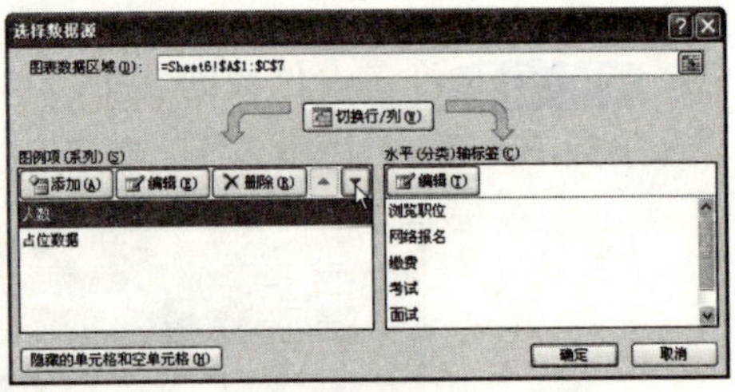

图5-77

Step 05 按照同样的方法将占位数据系列隐藏起来，删除网格线和图例，便形成基本的漏斗图，如图5-78所示。

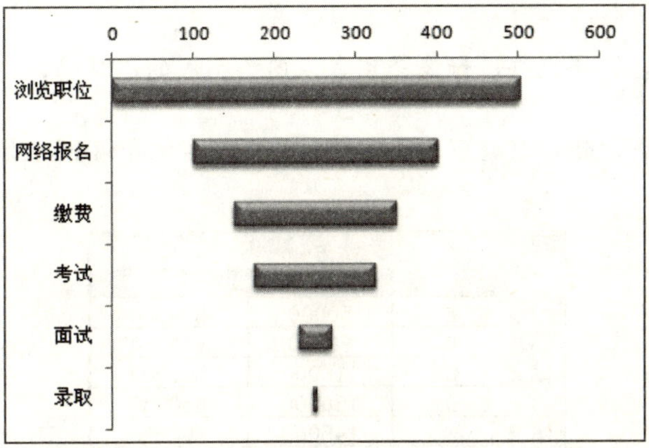

图5-78

王哥： 通过JWalk Chart Tools工具添加整体转化率，利用“插入形状”工具中的“任意多边形”在图表中为图表外形添加形状边框，并设置颜色与条形色一样，还可以设置标注。

小强： 漏斗图我学会了，后续的工作我回去好好琢磨。

矩阵图

王哥： 小强，接下来要教你矩阵图，如图5-79所示，它是在数据分析方法中提到的矩阵关联分析法中使用的。

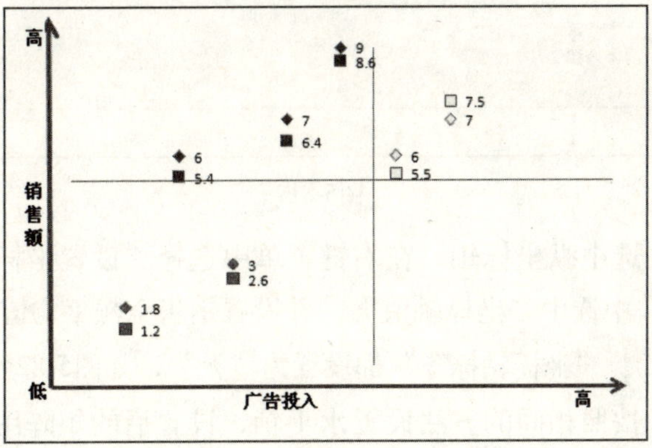

图5-79

小强：记得记得，好像是用散点图绘制成的，对吗？

王哥：没错，我就以图5-80所示的数据具体介绍如何绘制。

	A	B	C
1	杂志	广告投入	销售额
2	A	50000	300000
3	B	80000	420000
4	C	110000	500000
5	D	130000	650000
6	E	145000	800000
7	F	160000	950000
8	G	175000	1100000
9			
10			

图5-80

Step 01 选择A1:C9单元格区域，创建“仅带数据标记的散点图，删除网格线和图例，效果如图5-81所示。

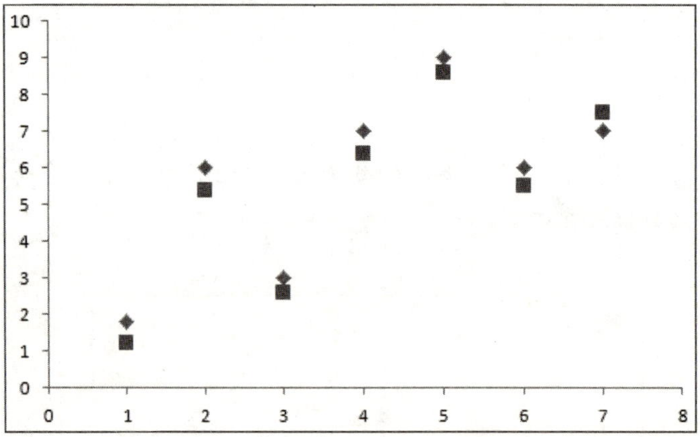

图5-81

Step 02 选中纵坐标轴，在右键菜单中选择“设置坐标轴格式”，在“坐标轴选项”中选中“坐标轴值”，并设置销售金额平均值5.6，并将“主要刻度线类型”、“坐标轴标签”都设置为“无”，如图5-82所示。

Step 03 按照相同的方法设置水平轴，设置后的矩阵图效果如图5-83所示。

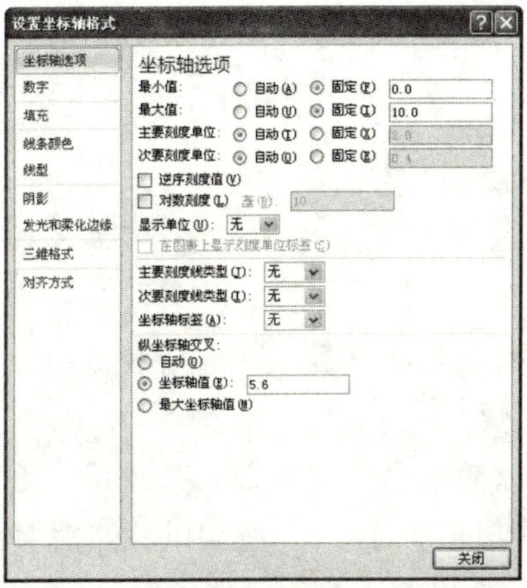

图5-82

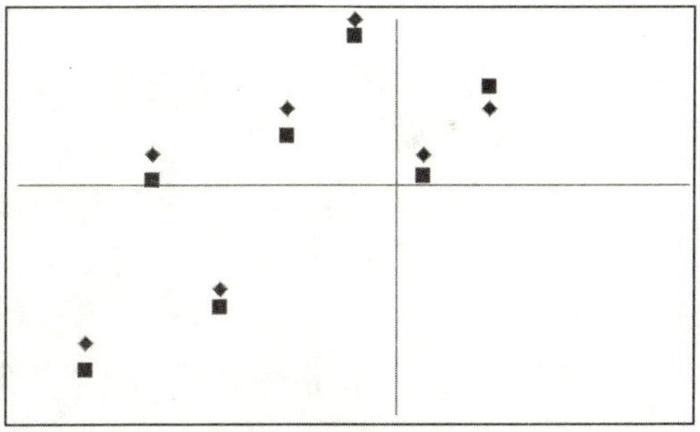

图5-83

王哥： 到这一步矩阵图基本绘制完成，但与图5-81还是有所区别，我们需要继续美化。

Step 04 通过JWalk Chart Tools工具添加整体转化率。

Step 05 单击“插入”选项，选择插入“箭头”图形，分别绘制横向箭头、纵向箭头。

王哥： 最后对每个象限的点进行颜色设置，设置效果如图5-79所示。你看矩阵图也没有想象中那么难，只要了解思路，即可用Excel实现。

小强： 嗯，学会了，只要肯动脑，一切皆有可能。

5.3 总结

王哥： 小强，关于数据透视表和图表的内容今天就讲到这么多，现在你来做一个学习笔记。

小强： 好的。

王哥： 今天介绍的数据展现方面的知识主要有：

- 表格的美化设置，表格样式的套用、单元格样式、背景图、条件格式、在表格中的使用。
- 数据透视表的数据源选择、数据透视表字段的设置、多选项数据的分析、切片器的使用。
- 图表在数据分析中的作用，图表数据源的选取、柱形图、折线图、条形图等基本图表的作用与特点，迷你图的制作，平均线图、双坐标图、竖型折线图、瀑布图、漏斗图、矩阵图等图表的分析技巧。

小强： 王哥，万分感谢，让我这个菜鸟进一步向高手修炼。

王哥： 哈哈，别客气，回去记得好好复习，并强加练习，这样面对大Boss交代的任务才能顺利完成哦。

第6章 女为悦己者容——图表可以更美

6.1 图表设计必学武器

王哥： 小强，前面学习了图表的基本类型和图表的演变，那我回过头来问你一个基础的问题，你觉得设计图表之前先要学会哪些知识呢？

小强： 这段时间我也一直在练习数据透视表和图表，我觉得应该必会几种武器，如：排序与筛选、名称定义、公式与函数、数据源的选取等，创建图表才能得心应手，不过这些功能我使用得还不是很熟练，有时候还会钻死胡同。

王哥： 嗯，基本答对了，今天我就来教你这些功能的使用。

6.1.1 排序与筛选

小强： 王哥，记得我们在说到平均线图的时候对数据进行了排序，那能和我说说"排序"的功能吗？如果工作表中有大量的数据时，怎么样从海量的数据中准确定位所要创建图表的数据源呢？

王哥： 排序，顾名思义就是根据需要对比较的数值大小进行排列，可以按数值从大到小降序排列，也可以从小到大升序排列，这要取决于图表所要表达的主题。

如对各产品1月份利润创建利润进行排序，如图6-1所示，就很清楚地知道1月份利润额前三名是N、G、B产品，也可以从图中知道最后三名，甚至随意指定某个产品也知道它的排名，而且在创建平均线图时，可以清楚地看到哪些产品的利润额高于平均值，哪些低于平均值。

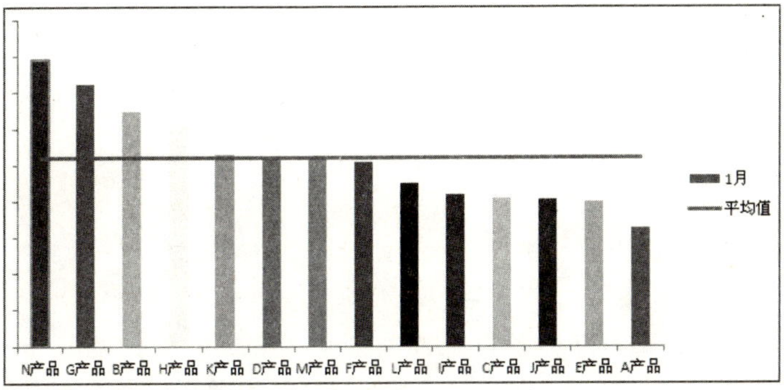

图6-1

王哥： 在图表中使用到排序功能的有柱形图、条形图、气泡图、帕累托图。如果想要在海量的数据中寻找出相关的数据源，可以使用数据的筛选功能。

如图6-2为某网站服装网零售统计数据的分析报告，统计了不同行业的500个公司的数据，现在我们只想在图表中显示纺织服装行业的数据资料，该怎么办呢？

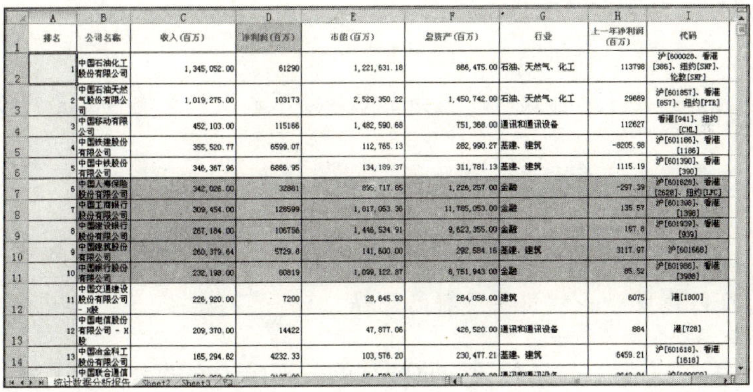

	A	B	C	D	E	F	G	H	I
1	排名	公司名称	收入(百万)	净利润(百万)	市值(百万)	总资产(百万)	行业	上一年净利润(百万)	代码
2	1	中国石油化工股份有限公司	1,345,052.00	61290	1,221,631.18	866,475.00	石油、天然气、化工	113798	沪[600028、香港[386]、纽约[SNP]、伦敦[SNP]
3	2	中国石油天然气股份有限公司	1,019,275.00	103173	2,529,350.22	1,450,742.00	石油、天然气、化工	29689	沪[601857]、香港[857]、纽约[PTR]
4	3	中国移动有限公司	452,103.00	115166	1,482,590.68	751,368.00	通讯和通讯设备	112627	香港[941]、纽约[CHL]
5	4	中国铁建股份有限公司	355,520.77	6599.07	112,765.13	282,990.27	基建、建筑	-8205.98	沪[601186]、香港[1186]
6	5	中国中铁股份有限公司	346,367.96	6886.95	134,189.37	311,781.13	基建、建筑	1115.19	沪[601390]、香港[390]
7	6	中国人寿保险股份有限公司	342,026.00	32881	895,717.85	1,226,257.00	金融	-297.39	沪[601628]、香港[2628]、纽约[LFC]
8	7	中国工商银行股份有限公司	309,454.00	128599	1,617,063.36	11,785,053.00	金融	135.57	沪[601398]、香港[1398]
9	8	中国建设银行股份有限公司	267,184.00	106756	1,446,534.91	9,623,355.00	金融	187.8	沪[601939]、香港[939]
10	9	中国建筑股份有限公司	260,379.64	5729.8	141,600.00	292,584.16	基建、建筑	3117.97	沪[601668]
11	10	中国银行股份有限公司	232,198.00	80819	1,099,122.87	8,751,943.00	金融	85.52	沪[601988]、香港[3988]
12	11	中国交通建设股份有限公司 - H股	226,920.00	7200	28,645.93	264,058.00	建筑	6075	港[1800]
13	12	中国电信股份有限公司 - H股	209,370.00	14422	47,877.06	426,520.00	通讯和通讯设备	884	港[728]
14	13	中国冶金科工股份有限公司	165,294.62	4232.33	103,576.20	230,477.21	基建、建筑	6459.21	沪[601618]、香港[1618]

图6-2

小强： 使用数据的筛选功能，将纺织服装行业的数据筛选出来？

王哥： 一点就通。

在“数据”选项卡的“排序与筛选”选项组单击“筛选”按钮，为列标签添加筛选下拉菜单，单击“行业”筛选下拉按钮，在下拉菜单中取消选中“全部”复选框，接着选中“纺织服装”复选框，如图6-3所示，即可将纺织服装行业的数据筛选出来。

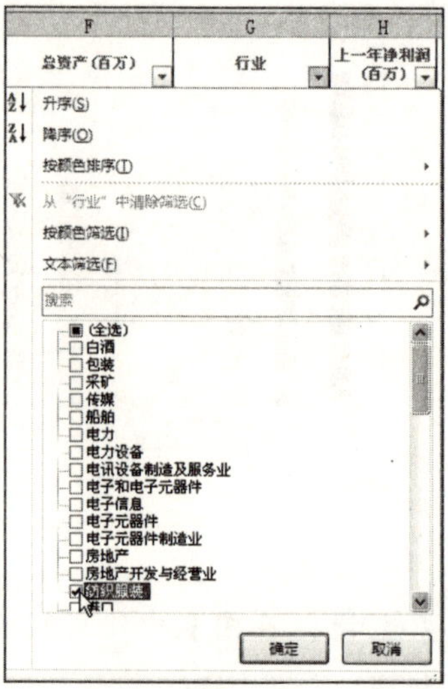

图6-3

小强：有了筛选工具，就不用再惧怕海量数据啦。

6.1.2 查询与汇总

王哥：排序和筛选功能学会了吧？接下来教你查询与汇总的功能。

小强：差不多会了，您快说。

王哥：查询功能一般在图表中用的比较少，但对于数据量大的数据库，可以方便查找到想要了解的数据。

还以图6-2为例，如果想要知晓统计的数据中山东的公司有几家，具体情况是什么样的。

按“Ctrl+F”组合键打开“查找与替换”对话框，在“查找内容”文本框中输入“山东”，单击“查找全部”按钮，即可查找出工作表中所有山东的公司。单击每个公司，可以跳换到所选的公司在工作表中的位置和统计情况，如图6-4所示。

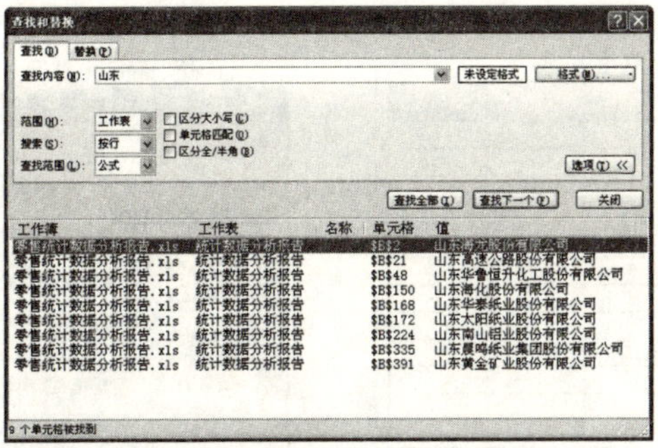

图6-4

小强：在“查找和替换”的左下角还显示了查找到的数目，这样就不用再一一去统计了。

王哥：聪明。小强，我问你，如果想要绘制某个季度总销售情况的图表，但我们只有每个月的销售情况，该怎么办？

小强：将所有数据复制到一个工作表中，再利用函数进行计算？这也太麻烦了吧？

王哥：其实使用“合并计算”功能对数据进行分类汇总，很快就可以完成了。

复制单元格格式，并将编号、产品名称和单价这些固定的数据复制到单元格中，如图6-5所示。选中D3，在“数据”选项卡的“数据工具”选项组单击“合并计算”按钮。

打开“合并计算”对话框，选择“求和”函数，设置引用位置为“一月销售额”工作表的D3:F3单元格区域，单击“添加”按钮，按照相同的方法添加其他两个月工作表中的数据，如图6-6所示。

王哥：单击“确定”按钮，即可对三个月的销售数量和销售金额进行汇总。

小强：这个功能好，这样我就可以轻松地选择汇总的数据源绘制图表了。

	A	B	C	D	E
1	一季度销售汇总				
2	编号	产品名称	销售单价	总销售量	总销售金额
3	C001	辫子面包	2.5		
4	C002	提子面包	3		
5	C003	芝麻甜面包	4		
6	C004	脆皮小餐包	3.5		
7	C005	毛毛虫	2		
8	C006	燕麦三明治	6		
9	C007	果酱土司	7		
10	C008	菠萝包	1.5		
11	C009	桃酥饼	15		
12	C010	蓝莓蛋挞	6		
13	C011	港式蛋挞	5		
14	C012	鸡蛋糕	2		

图6-5

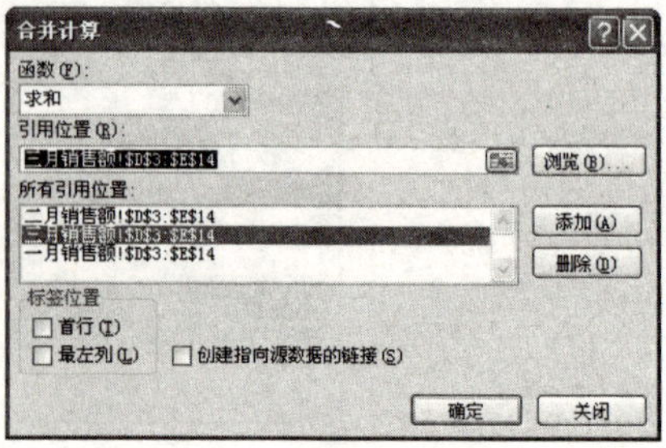

图6-6

6.1.3 名称定义

王哥： 找到法宝了吧，接着给你介绍"名称定义"功能，小强你知道怎么定义名称创建图表吗？

小强： 在工作表中定义名称我知道，但用定义的名称创建图表我还真不知道。

王哥： 其实这是对公式进行定义名称，主要用于绘制动态图表。

以图6-7所示为某房地产公司第一季度的商品房的销售情况，先使用公式创建辅助系列后，便可以将要创建图表的数据系列定义为名称，以方便图表的创建。

	A	B	C	D	E	F	G	H	I	J
1	第一季度商品房销售统计									
2	户型	销售金额			首付金额			销售套数		
3		1月	2月	3月	1月	2月	3月	1月	2月	3月
4	一居	856000	698000	1489000	1886800	139500	317580	15	10	20
5	二居	5708760	4056700	18329120	1306368	959808	1015800	60	54	63
6	三居	8345560	7321920	5856230	1538312	1364384	1077600	45	39	22
7	四居	5170000	6506000	4126000	1564000	1701700	1155650	15	17	12
8	复式	5880600	1565400	4687600	1287700	1315430	1051280	18	8	13
9	辅助系列									
10	销售金额	一居	1	销售金额						
11	首付金额	二居	4							
12	销售套数	三居								
13		四居								
14		复式								

图6-7

在"公式"选项卡的"定义的名称"选项组单击"定义名称"选项，打开"新建名称"对话框，在"名称"文本框中输入名称如"X"，设置引用位置为：

```
"=OFFSET(Sheet1!$A$3,0,MATCH(INDEX(Sheet1!$A$10:$A$12,Sheet1!
$C$10),Sheet1!$2:$2,0)-1,1,3)"
```

如图6-8所示，即可定义动态图表水平轴的标签。

按相同的办法定义图例项数据名称。再次打开“新建名称”对话框，设置名称为“Y”，设置引用位置为，“=OFFSET(下拉菜单式动态图表的应用分析.xlsx!X,Sheet1!$C$11,0)”，如图6-9所示，即可制作图表的系列值。

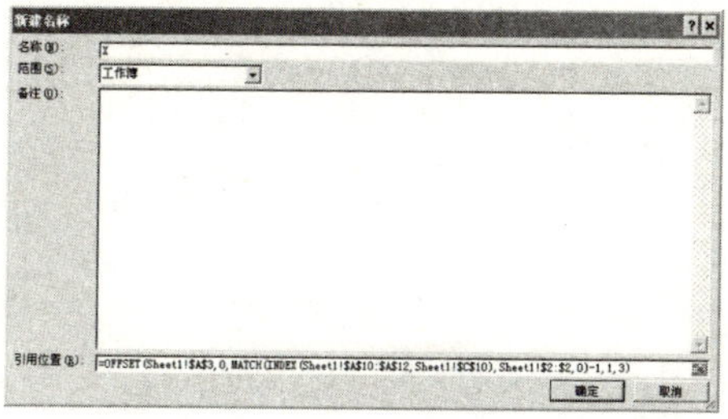

图6-8

图6-9

王哥： 使用定义的名称可以创建动态图表。

小强： 我还没有试过这样的方法，正好回去可以练习。

6.1.4 公式与函数

王哥： 小强，你以前学习Excel时也学习过函数吧？

小强： 关于函数，我回去也看了些相关的书，但是感觉函数好复杂，虽然我是学理科的，但还是会在选择函数和函数参数之类的打败。

王哥： 其实没有必要去死记硬背13种函数中包含哪些具体的函数类型，在“插入函数”对话框里，你可以先找到分类，再找到函数就可以了，如图6-10所示。

你只需要大致明白要使用的函数属于哪个类别，便可以依据函数类别来寻找。

至于函数的参数，对一个函数不了解时，或者混淆时，可以使单击“有关该函数的帮助”选项，即可快速获得该函数的帮助，如图6-11所示。

小强： 如果只知道某个函数的功能，却不知道函数的名时，怎么快速找到所需要的函数呢？

王哥： 这个可以有两个方法轻松做到。

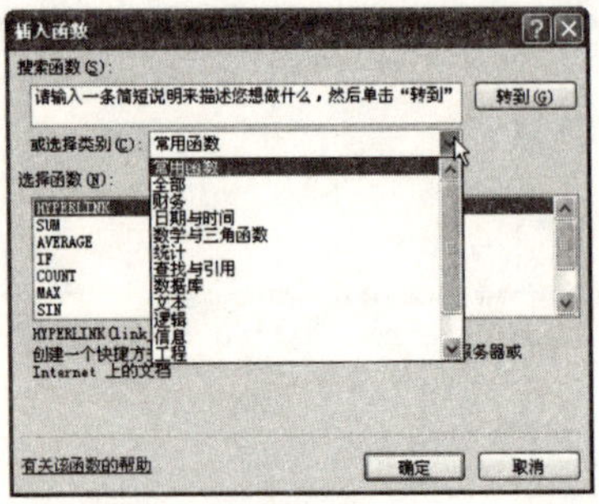

图6-10

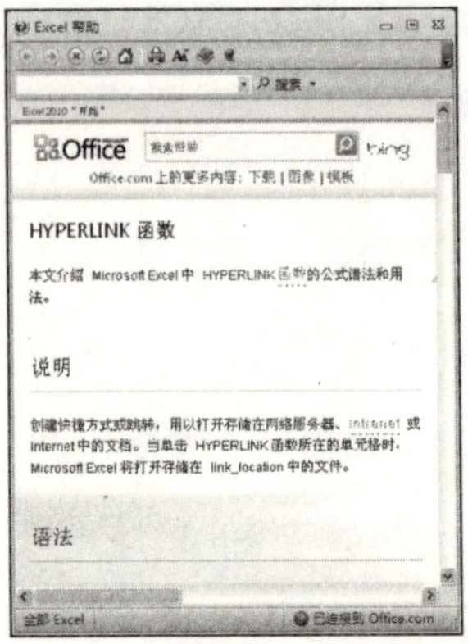

图6-11

➜ 插入函数的寻找

打开“插入函数”对话框，如图6-12所示，在对话框的“搜索函数”文本框中直接输入所要的函数功能，比如“查找”，在下面的“选择函数”列表框中会列出用于查找函数，单击选择某个函数，对话框底部会给出该函数的简单说明。

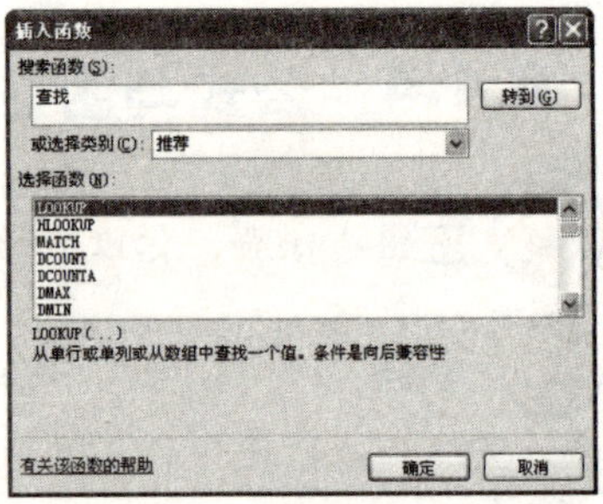

图6-12

➜ 在编辑栏中显示提示

如果记得函数的大致拼写样子，可直接在编辑栏输入头几个字母，编辑栏下方会出现这些字母可开通的函数，并会显示相应的解释，如图6-13所示。

小强： 哈，明白了，选择函数后，双击还可以看到如图6-14的参数提示呢，这样简单多了。

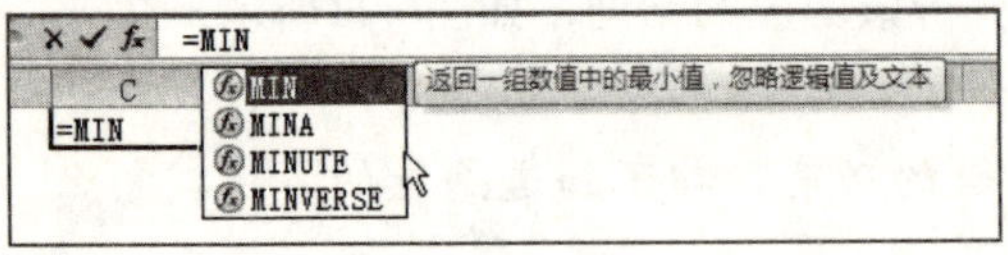

图6-13

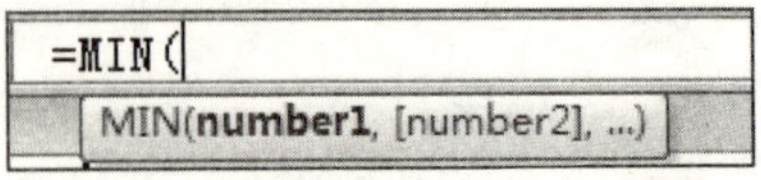

图6-14

6.1.5 外部数据源的获取

王哥： 小强，你知道获取外部数据的方法有哪几种吗？

小强： 嗯，有其他表格中的数据、Word中数据，PPT中的数据，这些我都差不多懂了。

王哥： 还有文本数据和网页数据，接下来我就来教教你这两种数据的获取吧。

文本数据的获取

在“数据”选项卡，在“获取外部数据”选项组中单击“自文本”选项，打开“导入文本文件”对话框，找到需要导入的文本导入，在打开的“导入文本向导—第1步，共3步”对话框中直接单击“下一步”按钮。

弹出“导入文本向导—第2步，共3步”对话框，选中“分隔符号”列表框中“Tab键”复选框，单击“下一步”按钮，如图6-15所示。

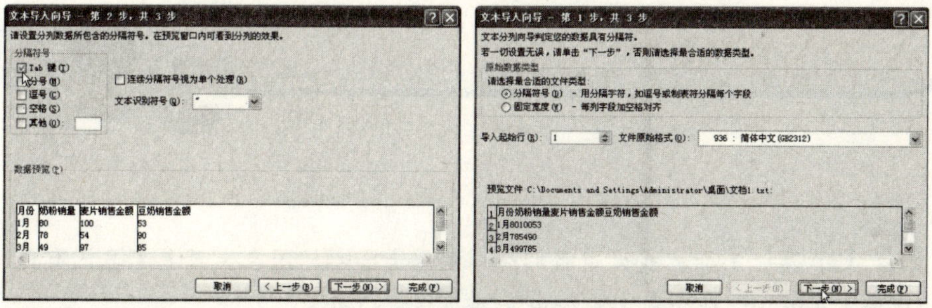

图6-15

在“导入文本向导—第3步，共3步”对话框，保持默认设置不变，单击“完成”按钮，选择好导入数据放置的位置后，即可获取文本数据。

小强： 这么简单啊，那怎么获取网站数据呢？

王哥： 获取网站数据也很简单。

在“获取外部数据”选项组中单击“自网站”选项，打开“新建Web查询”对话框，在“地址”文本框中输入网站的网址，单击“导入”按钮，如图6-16所示。

找到需要导入的内容，单击内容前的按钮，使其变为，即可选中内容，接着单击“导入”按钮，并设置导入数据位置，即可获取网站数据。

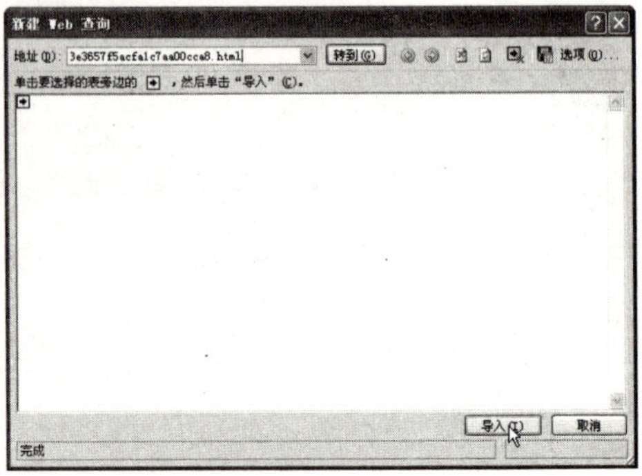

图6-16

小强：OK，我又学到两招获取数据源的方式，多谢王哥。

6.2 给图表重新布局

小强：王哥，我发现我们公司呈给大Boss的图表大致差不多，有什么方法可以让突破常规，制作出有专业外观的图表呢？

王哥：不同领域的图表有不同的外观布局风格，如社会统计、工程技术、公司商务等领域。想要制作专业的图表，就是要突破Excel 图表的默认布局。

王哥：在学习专业图表之前，首先要了解Excel默认图表布局的不足之处，如图6-17是Excel图表的默认布局，你能说说看这样的布局有什么不足之处吗？

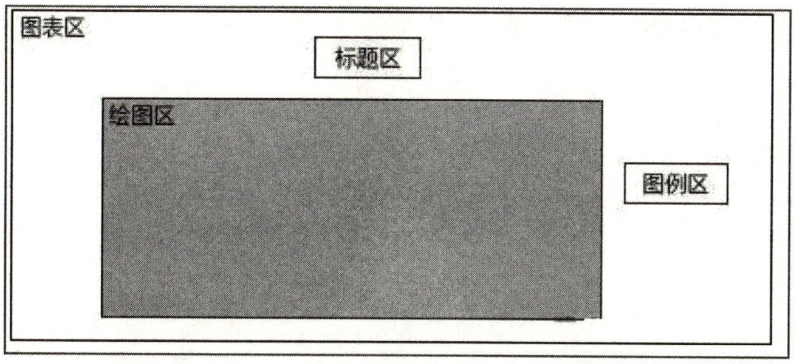

图6-17

小强仔细对比了下自己平时的图表：我一直以为图表的结构应该如此，应该包括标题区、绘图区、图例区3 个部分。但经你这么一提示，似乎还真是有些问题的。

- 标题不够突出，信息量不足。
- 绘图区占据了过大的面积。
- 绘图区的四周浪费了很多地方，空间利用率不高。
- 图例在绘图区右侧，阅读视线往返跳跃。

王哥：只要注意观察一些专业的商业图表的布局，图6-18是对一个典型商业图表案例的构图。

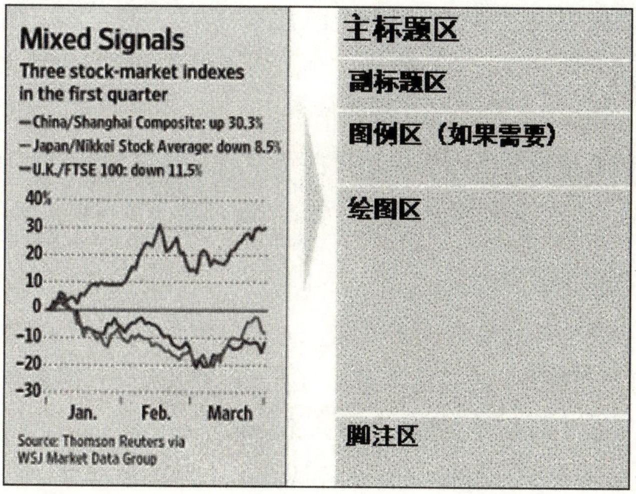

图6-18

通过对图表的分析，可以看出图表从上到下可以抽象出5个部分：

- 主标题区。
- 副标题区。
- 图例区。
- 绘图区。
- 脚注区。

王哥：结合其他商业图表，会发现几乎所有的专业图表都符合这一构图原则，这就是隐藏在专业图表背后的布局指南。由此看来，专业图表的布局至少有3个突出的特点。

➔ 完整的图表要素

图表要素丰富（如图6-18所示）：主标题、副标题、图例、绘图、脚注中，除图例外，其他元素都是必不可少的。

商业图表会充分利用这些要素，发挥其作用。如在主标题中表达明确的信息和观点，在副标题中进行详细的论述，甚至在图例中给出对每个系列的分析。利用详尽的图表注释，为图表提供更完整的信息。

➔ 突出的标题区

标题区非常突出，往往占到整个图表面积的1/3 甚至1/2。特别是主标题往往使用大号字体和强烈对比效果，自然让读者首先捕捉到图表要表达的信息。副标题区往往会提供较为详细的信息。

真正的图表也就是绘图区往往只占到50%左右的面积，因为这样已经足够我们看清图表的趋势和印象，硕大无比的图形反而显得很粗糙。

➔ 竖向的构图方式

商业图表更多采用竖向构图方式，通常整个图表外围的高宽比例在1：1到2：1 之间。图例区一般放在绘图区的上部或融入绘图区里面，而不是Excel默认地放在绘图区的右侧，空间利用更加紧凑。

竖向构图还有一个好处是阅读者目光从上至下顺序移动而不必左右跳跃，避免了视线长距离检索的问题，阅读自然而舒适。

6.3 给图表美美容

王哥： 介绍了商业图表的布局特定，下面具体来谈谈图表的美化。小强，你看到什么样构造的图表觉得比较舒适得体？

小强： 平时我也尽量多地去了解一些图表了，我觉得简单、没有太多元素和一眼看出重点的图表比较能吸引人。

王哥： 的确，图表的美化要遵循简约、整洁、对比的原则。

➔ 简约

简约才是美的体现。简明扼要、清晰明了，是一名图表设计师所追求的境界，你去翻看《商业周刊》、《华尔街日报》、《纽约时报》这些世界顶级的商业杂志上的图表，或者是麦肯锡、罗兰贝格这样的世界顶尖的咨询公司。这些越专业的大公司，做出来的图表越是简约。

➔ 整洁

整洁体现在图表中的特点有：整整齐齐、干干净净和和谐自然。

当图表中有很多元素时，尽量要让这些元素排列整齐，如将条形图的数据按小到大的顺序排列。

如果我们将图表当成一种设计，就要让图表中的每一个元素之间像被一根无形的线贯穿在一起一样，排列整齐、整洁自然才能让人理解起来更容易。

要体现图表的自然，可以使用亲近法则，即将相关的内容放在一起，这样读者会自然而然地假设那些距离较近的内容是相关的，同样也会认为那些距离较远的内容之间联系没有那么紧密，使整个图面看起来结果更清晰。

➔ 对比

对比是可以突出某些重要元素，帮助读者迅速抓住信息。对比原则在图表设计中主要体现在字体（大小、粗细）、颜色（明暗、深浅）以及构图（分数、前后）等。

6.3.1 标题

王哥： 小强，你读读这几个图表的标题：各分店的销售情况；公司生产量发展趋势；企业文化与员工之间的关系……

这些是不是你经常见的图表标题，你知道它要讲什么吗？还会有兴趣继续看里面的内容吗？如果报纸里所有的新闻标题都是同一形式，你还有兴趣看里面的内容吗？

小强： 说实话，如果报纸的标题都是一成不变的话，就根本没有欲望往下看内容了。

王哥： 以上这些标题有两个缺点

- 没有切中图中的大意
- 没有吸引力

想要只看图表标题就能大概知道图表表达的是什么内容，在作图时首先要把想指出的内容重点融入到标题中去，可以使用“将短语变成句子”的原则，如将上面三个短语标题分别更改为：①鼓楼店销售情况居第三。②公司生产产量同比增长15%。③企业文化对员工有正面影响。

小强： 这样感觉明了多了，只看标题，就可以领悟到这张图的学习。

王哥： 如图6-19是《商业周刊》网站两种风格的图表，可以看出这两张图表的标题有什么特点吗？

小强： 图表标题采用了白底黑子或黑底白字，副标题设置在不同的单元格中。

王哥： 左边的图其实并没有使用图表的标题元素，而是将标题放在单元格B2中，并设置为黑底白字的格式。副标题在B3、B4中，真正的图表放在B5中，数据来源放在B6中，B3:B7填充浅蓝色。图表是无框透明的，或使用与单元格底色相同的填充颜色。整个B2:B7区域融合成为一个完整的图表。

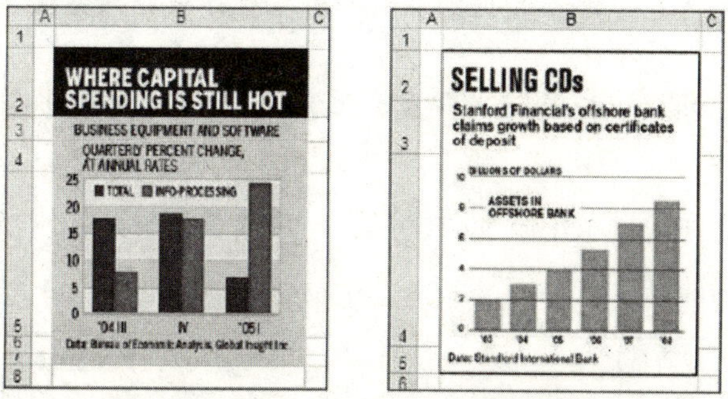

《商业周刊》风格图表
例图来源：《商业周刊》网站

《商业周刊》新风格图表
例图来源：《商业周刊》网站

图6-19

右边是商周新风格的图表，非常简洁。主标题在B2，副标题在B3，图表在B4，图表中放置了2个文本框，数据来源在B5。B2:B5填充白色，黑色边框线，成为一个整体的图表。

所以在设置图表标题时，也不要只限制在Excel固有的标题元素中，要学会创新。

小强在笔记本上记下：图表标题的重点和创新很重要。

6.3.2 坐标轴

王哥： 小强，你在绘制图表时，对坐标轴有什么特别的设置吗？

小强： 这个我还真没有注意，一般都是自动生成图表的坐标轴的啊，坐标轴还有什么应用技巧吗？

王哥：当然有了，如图6-20所示的图表，你能说说它的坐标轴有什么需要改善的地方吗？

小强：这就是我平常绘制图表的样式啊，还请王哥指教。

王哥：这个图表的横坐标轴标签是倾斜的，就会使读者歪着脑袋看，其次可以为图表添加数据标签，并删除坐标轴和网格线。

Step 01 将横坐标的对齐方式更改为0°，或通过缩小标签字体大小实现横向显示。

Step 02 在数据条中添加数据标签，并设置为Arial字体，这种字体在英语印刷品中经常用到。

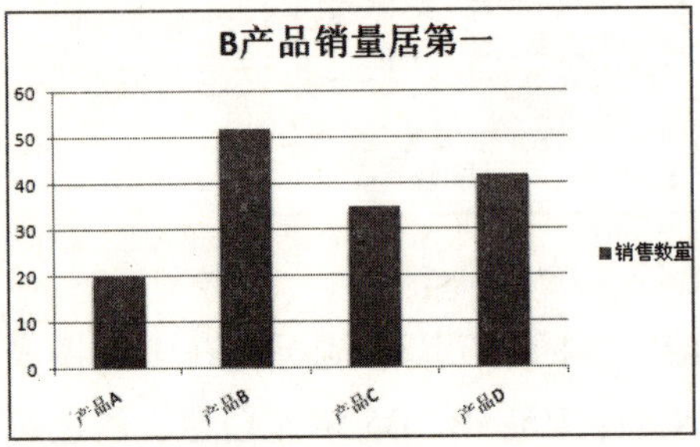

图6-20

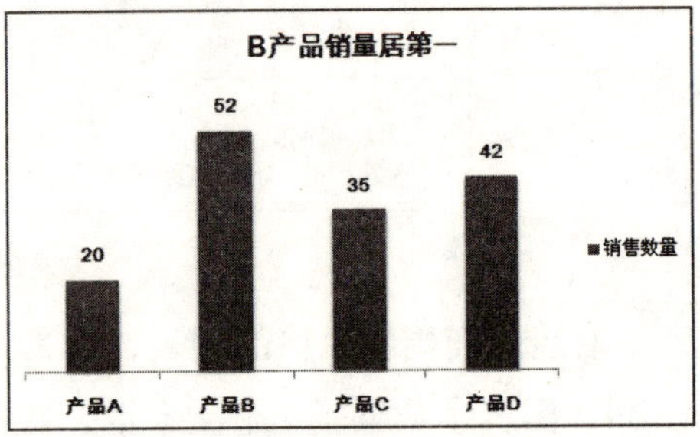

图6-21

Step 03 删除网格线和坐标轴。

小强：果然，经过王哥的加工，图表效果非同凡响。

王哥：还有一种图表的处理方式为Y轴只有刻度线，而没有坐标轴，删除网格线后图表显得非常干净清爽，如图6-22所示。

王哥：这个图表是利用误差线模拟了Y轴的刻度线来完成的。

Step 01 先做好图表，去除原来的网格线。

Step 02 根据Y轴刻度间距，也就是网格线间距，组织辅助数据，如

图6-23中的D3:D9所示。

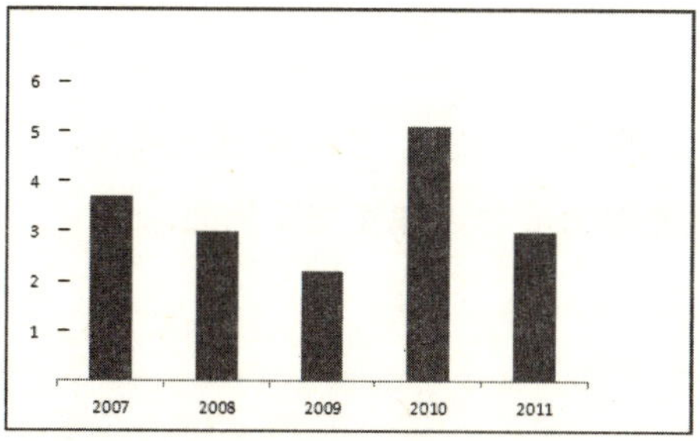

图6-22

	A	B	C	D	E
1	数据源			辅助系列	
2	2007	3.7		x	y
3	2008	3		0.5	1
4	2009	2.2		0.5	2
5	2010	5.1		0.5	3
6	2011	3		0.5	4
7				0.5	5
8				0.5	6
9					
10					

图6-23

Step 03 将辅助系列加入图表，设置其图表类型为散点图。这时散点图的点按预期落在了Y轴的刻度线上，将散点图隐藏起来。

Step 04 设置辅助系列的误差线X的误差量，将误差量的值设为0.1，即可利用误差线模拟了Y 轴的刻度线。

Step 05 隐藏Y坐标轴，去掉误差线尾部的小线，进行其他格式美化，实现图6-18效果。

小强： 这个厉害了，这样做出的图表真的清爽很多呢。

6.3.3 图例

王哥： 下面我们来说说图例，如图6-24所示，你能看出它的图例有什么特别之处吗？

小强： 曲线图的图例是一个方块，这是怎么使用图例元素做到的啊？

王哥： 其实它并没有使用图例元素，而是一个放置在图表上面的文本框而已，两个方块是特殊符号，被设置为与曲线相同的颜色。

小强： 为什么要用文本框来做图例呢？

王哥： 一方面为了灵活性，这个图例中的文字特别长，用图例元素将会自动换行而不受控制，而用文本框则完全可控。另一方面也显得很有个性，商业周刊的很多图表，通常曲线图的图例是方块，条形图的图例却是圆点，出其不意，给人一些新意。

王哥： 另外，如果图表中显示了图例的内容，可以将图例删除。如图6-25所示，条形图纵坐标轴显示了图例的名称，即可将图例删除。

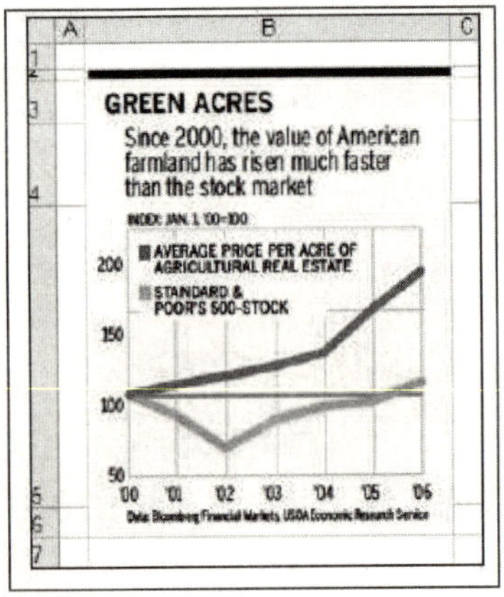

图6-24

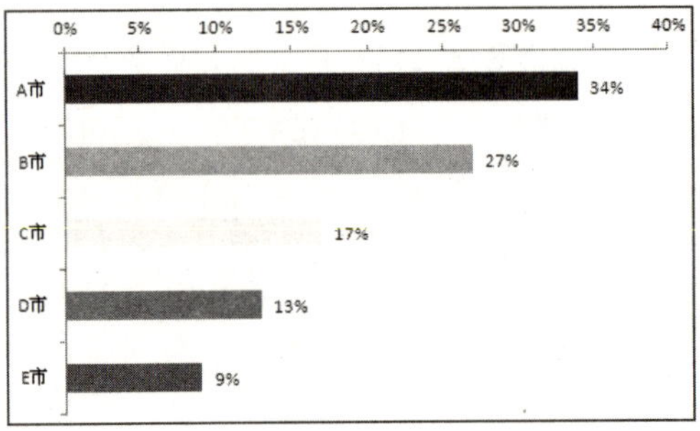

图6-25

6.3.4 网格线

王哥： 小强，网格线在你绘制的图表中是什么样的状态？

小强： 网格线作为非数据元素，一般使用淡淡的颜色，且处在所有图表元素的最下面，或者有时候直接删除了。

王哥： 你这是最早期商业周刊图表的做法，今天我来教你将网格线显示到所有图表元素前面来，主要有三种方法，我们一一来说明。

➜ 粘贴透明法

对于形图或条形图，可用自选图形工具绘制一个半透明的矩形框，将其贴入到柱形图或条形图，则可透过柱形图或条形图看到后面的网格线。

这个方法最简单，但缺点是由于透明度的原因，柱形图或条形图的颜色饱和度受到影响，不好精确控制其最后的颜色效果，而且透过去看到的网格线还是有所区别的。其只适用于条形图和柱形图。

复制覆盖法

当突破惯性思维局限后，往往就有很简单的解决之道，复制覆盖法就是这样。

（1）先按常规做好有网格线的图表，然后将其复制一份。

（2）将复制的图表的柱形（或条形、曲线）设置为无框无色透明不可见，图表区、绘图区均设置为透明，其他不做任何改动。

（3）将复制的图表覆盖到原图表之上，并且将它们都锚定到同一个单元格的左上角，使二者精确对齐。

现在，复制的图表只有网格线、坐标轴元素等，覆盖在原图表上面，所以看起来网格线就在图表之上，实现了期望的效果，然后复制或拍照单元格区域即可引用图表。整个过程也不过半分钟，非常简单。

辅助数据误差线法

我们只要把坐标轴中利用误差线模拟了Y轴的刻度线方法中的做法变通一下，在第4 步时将误差量的值设为5，或者更大，就利用误差线模拟了Y 轴的刻度线，如图6-26所示。

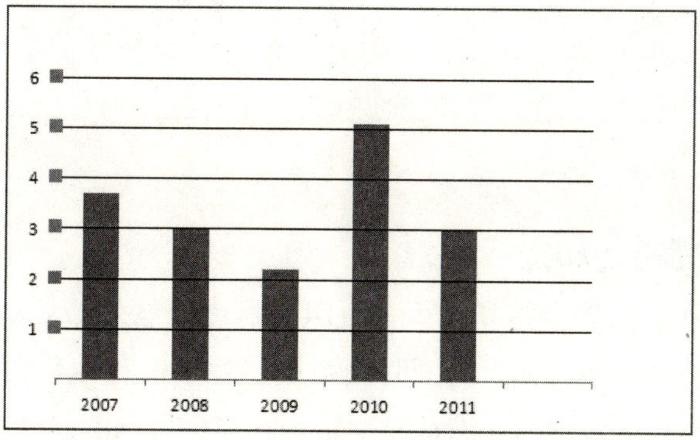

图6-26

小强： 原来网格线还有这么多的门道，长见识了。

6.3.5 数据系列

王哥： 最后我们介绍图表中最重要的一部分——数据系列。接下来给你介绍两种商业图表中经常会用到数据系列的设置方法。

小强： 好啊，我已经拿好笔准备记录了。

➔ 将数据分离多个系列

为了便于进行图表格式化，我们可以将一个数据系列分离为多个数据系列，对每个数据系列单独进行格式化，做出类似于条件格式的效果，一个简单、典型的用法就是对图表中高于和低于平均水平的数据点进行区别的格式化。

如图6-27所示图表中，使用IF函数将C列的原数据分离为高于平均水平的E列和低于平均水平的F列，用E:F列数据做堆积柱形图，并分别填色，就实现了图表的自动条件格式化。

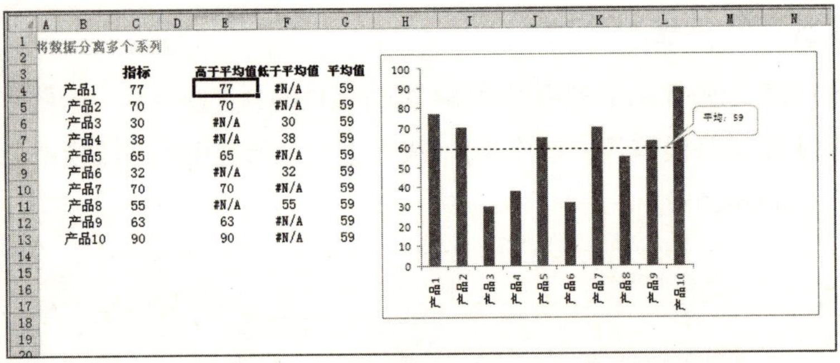
将数据分离多个系列

	指标	高于平均值	低于平均值	平均值
产品1	77	77	#N/A	59
产品2	70	70	#N/A	59
产品3	30	#N/A	30	59
产品4	38	#N/A	38	59
产品5	65	65	#N/A	59
产品6	32	#N/A	32	59
产品7	70	70	#N/A	59
产品8	55	#N/A	55	59
产品9	63	63	#N/A	59
产品10	90	90	#N/A	59

图6-27

➔ 将数据错行和空行组织

通过对数据的巧妙安排和组织，可以绘制出一些看似无法完成的图表，如图6-28所示的柱形图为例，它同时具备簇状柱形图和堆积图的特性，Excel中没有这种复杂的图表类型，而是通过错行和空行做到的。

将图中A1:D5单元格中的数据源通过错行与空行组织为A8:D19单元格区域的数据源，然后使用该区域做堆积柱形图，并将柱形图的分类间距设置为40%左右，如图6-29所示。

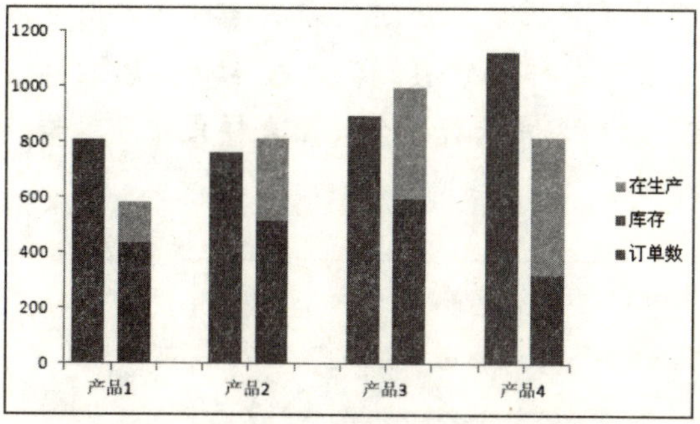

图6-28

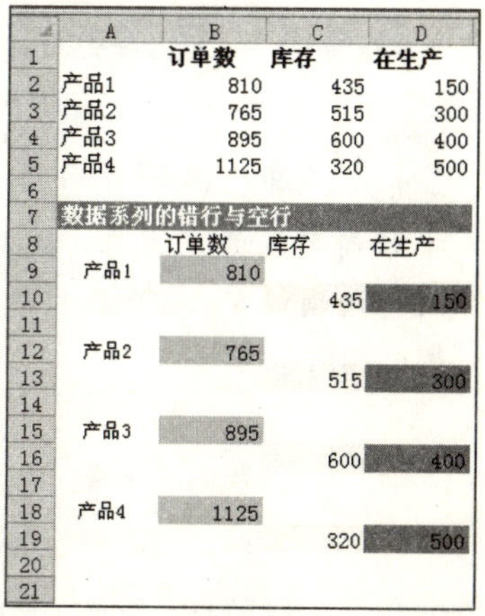

	A	B	C	D
1		订单数	库存	在生产
2	产品1	810	435	150
3	产品2	765	515	300
4	产品3	895	600	400
5	产品4	1125	320	500
6				
7	数据系列的错行与空行			
8		订单数	库存	在生产
9	产品1	810		
10			435	150
11				
12	产品2	765		
13			515	300
14				
15	产品3	895		
16			600	400
17				
18	产品4	1125		
19			320	500
20				
21				

图6-29

小强：这个也有点类似占位原理吧？

王哥：是的，就像我们在给图表换装成漏斗图时，也是使用隐藏辅助系列占位的方法，是其他数据系列有悬空的效果的。

6.4 图表好“色”有妙招

王哥：小强，来公司这么久了，也学习了很多数据分析了吧，接下来我来考考你：图表的颜色设置有什么妙招？

小强思考了一会：在Excel中创建图表，想要快速实现图表的颜色大概有三种方法：①直接套用图表样式。②使用模板创建图表。③复制其他图表的格式。

王哥：有进步，那接下来你做一回高手，向我介绍下这几种方法的具体使用。

6.4.1 直接套用图表样式

小强： 直接套用图表样式是美化图表最快速的方法，操作方法也十分简单。选中图表，在“图表工具”下的“设计”选项卡的“图表样式”选项组单击下拉按钮，在下拉列表中选择适合的图表样式即可，如图6-30所示。

图6-30

王哥： 不错，不过我需要补充几点：

- 在选择图表样式时，尽量选择颜色差异较大的，这样有利于读者分辨。
- 数据较多时，最好不要选择3D效果图，图表设计原则以简约为原则，太多花哨的样式反而会喧宾夺主。
- 可以选择用白色线条填充轮廓的图形样式，尤其是饼形图，可以直观地看出饼形图的分界点。

小强： 王哥说的是，我记住了。

6.4.2 图表模板效果对比设计

小强： 想要节省时间绘制出自己满意的图表，可以将制作的自我感觉良好的图表保存为模板，直接使用模板绘制图表。

选中图表，在“图表工具”下的“设计”选项卡的“类型”选项组单击“另存为模板”选项，如图6-31所示。

下次需要绘制图表时，可以在“图表”选项组单击按钮，在打开的“更改图表类型”对话框中单击“模板”，如图6-32所示，找到自己所要的模板即可。

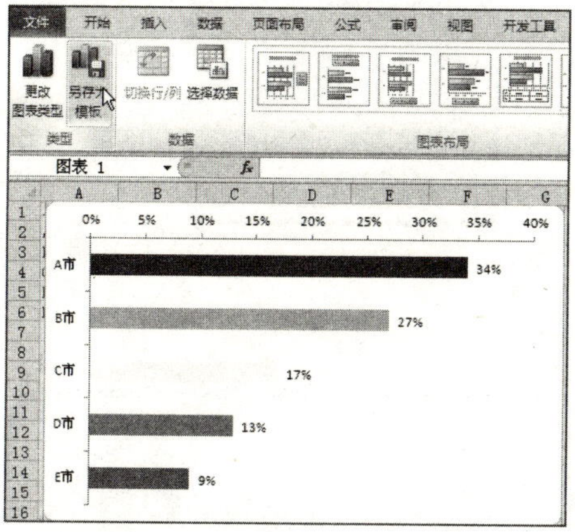

图6-31

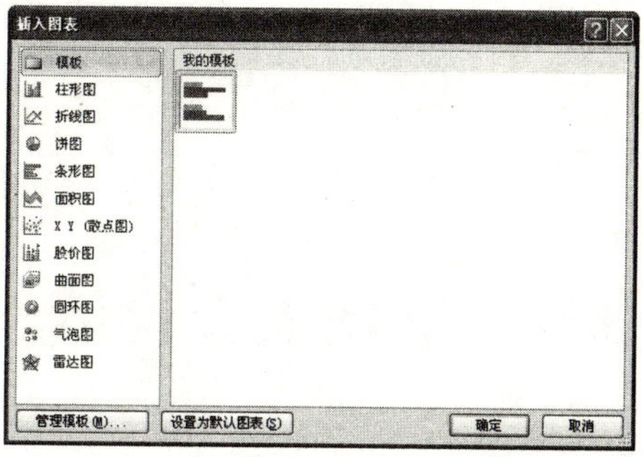

图6-32

王哥： 嗯，分析得不错。

6.4.3 拿来主义

小强： 在绘制图表后，如果觉得某个图表的设置适合自己所绘制的图表，可以直接将图表格式复制到自己绘制的图表上。

选择要复制格式的图表，在右键菜单中选择“复制”命令。

接着选中要应用格式的图表，在“开始”选项卡的“剪贴板”选项单击“粘贴”下拉按钮，在其下拉列表中选择“选择性粘贴”选项（如图6-33所示），在打开的“选择性粘贴”对话框里选中“格式”单选项即可，如图6-34所示。

王哥： 嗯，学习得不错了，这些都是图表设置中最简单的方法，没事的时候还可以学习色彩的配色计较，向专业化迈进。

小强： 王哥，我知道了，现在有很多书上都涉及到了颜色的配色，回去我好好学习去。

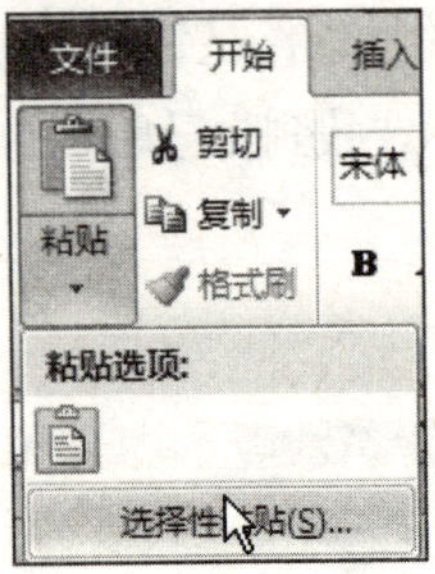

图6-33

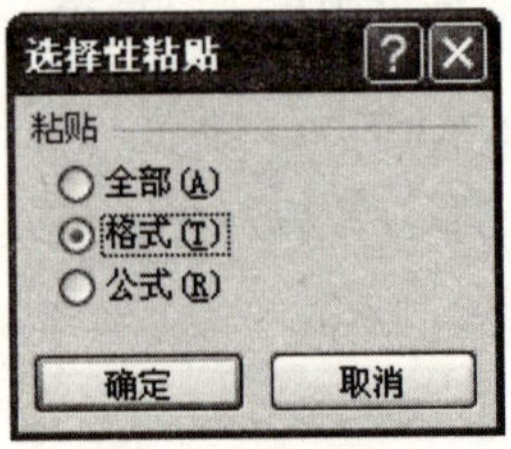

图6-34

6.5 让图表会说话

小强： 王哥，我记得你在图表换装的时候提到平均水平线，我想问一下有没有可能为图表添加一些分析的线条，让读者在看图表时，可以读到图表的动态走势？

王哥： 有啊，Excel图表中提供了图表分析的工具，针对不同类型的图表，可以选择不同类型的图表分析工具，代替图表说话，这些分析工具分别是：趋势线、误差线、折线和涨/跌柱线。

小强： 那你快给我介绍介绍吧。

6.5.1 趋势线

王哥： 趋势线用于以图形的方式显示数据的趋势并帮助分析预测问题，这种分析也称之为回归分析，通过回归分析可以在图表中将趋势线延伸至实际数据以外来预测未来值。

Excel 2010中提供了6种不同的趋势线用于预测数据系列的未来值。

线性趋势线

线性趋势线是适用于简单线性数据集的最佳拟合直线。如果数据点构成的图案类似于一条直线，则表明数据是线性的，线性趋势线通常表示事物以恒定的速率增加或减少。

对数趋势线

对数趋势线是数据变化率快速增加或降低，然后达到稳定的情况下最佳拟合曲线，对数趋势线可以同时使用正值和负值。

多项式趋势线

多项式趋势线是一种数据波动的情况下使用的曲线，多项式趋势线很有用，例如用于一个较大的数据集分析盈亏。多项式的次数可以由选择的波动次数或曲线中出现弯曲的数目确定，二次多项式趋势线通常有一个峰值或峰谷。三次多项式通常有一个或两个峰值或峰谷。四次多项式通常最多有三个峰值或峰谷。

乘幂趋势线

乘幂趋势线是一种曲线，用于以特定速率增加的测量值进行比较的数据集，如赛车一秒时间间隔的加速度，如果数据中含有零值或负值，则不能创建乘幂趋势线。

指数趋势线

指数趋势线是一种数据值不断增加的速率上升或下降的情况下使用的曲线，如果数据中含有零值或负值，则不能创建指数趋势线。

移动平均趋势线

移动平均趋势线可以平滑处理数据的波动以更清楚地显示图案或趋势。移动平均使用特定数目的数据点（由“周期”选项设置），取其平均值，然后将该平均值用作趋势线的一个点。例如“周期”设置为2，则前两个数据点的平均值用作移动平均趋势线中的第一个点，第二个和第三个数据点的平均值用作移动平均趋势线的第二个点，以此类推。

王哥：说了这么多概念快睡着了吧？其实也不必死记硬背，熟练了就会了然于胸的。

为数据添加趋势线的方法很简单：

Step 01 单击要向其添加趋势线的数据系列，在右键菜单中选择“添加趋势线”选项。

Step 02 打开“设置趋势线”格式对话框，根据数据需求选择趋势线类型，如“多项式”，设置顺序为“3”。

Step 03 在“趋势预测”列表中的“前推”文本框中输入要预测的周期，如“2”，选中“设置截距”和“显示R的平方值复选框”，并设置截距为“1.0”，如图6-35所示。

Step 04 单击“关闭”按钮，即可为数据添加趋势线，并预测出下两个周期的销售情况，如图6-36所示。

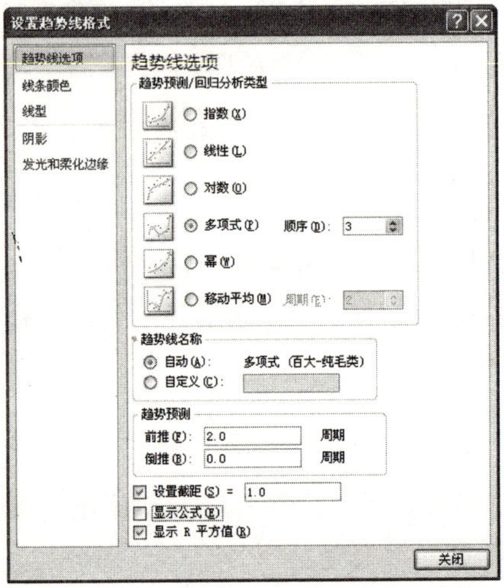

图6-35

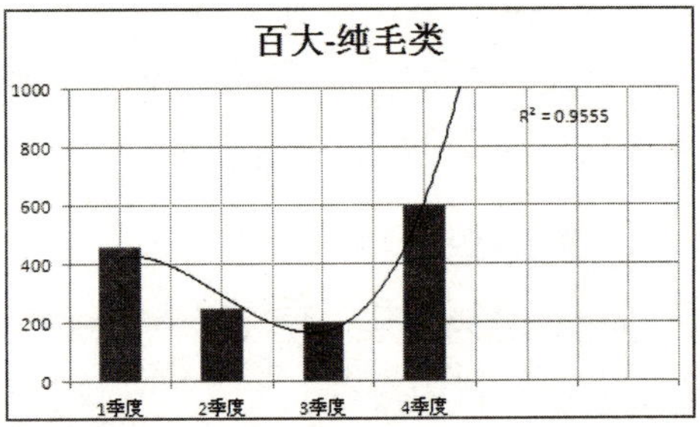

图6-36

小强： 那如何判断趋势线的准确性呢？

王哥： R的平方值可以告诉你。

R的平方值是取值范围为0到1的数值，它表示趋势线的估计值与对应的数据之间的拟合程度，当趋势线的R平方值等于或趋近于1时，其可靠性最高，如图6-36，R的平方值为0.9555，说明趋势线还是蛮准确的。

6.5.2 误差线

王哥： 了解了趋势线后，接着介绍误差线。误差线表示图形上相对于数据系列每个数据点或数据标记的潜在误差量，通常用在统计或科学计数法数据中。误差线显示相对序列中的每个数据标记的潜在误差或不确定度。

我们可以向二维区域、栏、列、线条、XY散点图和气泡图中的数据系列添加误差线，对于XY散点图和气泡图，既可以显示X值或Y值的误差线，也可以同时显示这两者的误差线。但是其他类型的图表中无法向其添加误差线。

向数据系列添加误差线的方法如下：

Step 01 单击要向其添加趋势线的数据系列。

Step 02 在“布局”选项卡的“分析”选项组中单击“误差线”选项，在弹出的菜单中选择适合的类型，如图6-37所示。

Step 03 添加误差线后的效果如图6-38所示。

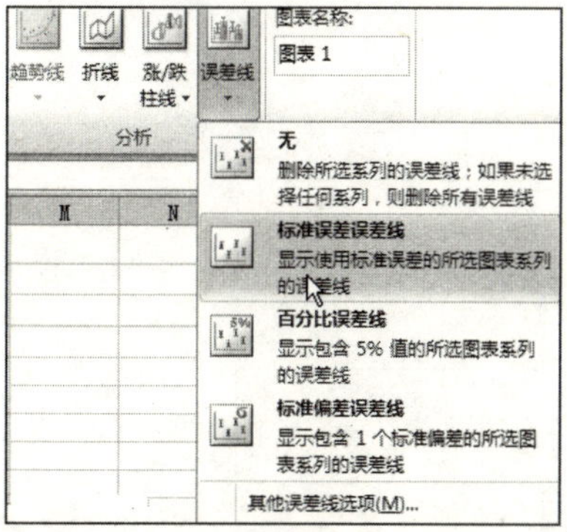

图6-37

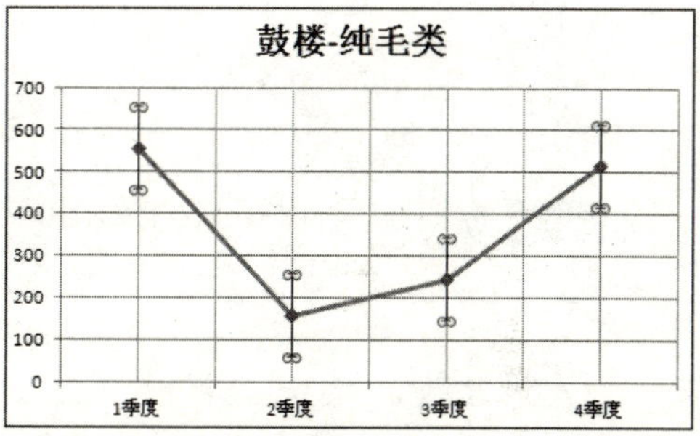

图6-38

小强： 添加误差线后，可以看出各个季度数据统计的值的误差范围了。

6.5.3 折线

王哥： 接着介绍折线。折线分为高低点连接线和垂直线。折线一般应用于折线图中。高低点连接线主要用于二维折线图中，而垂直线还可以应用于面积图中。

垂直折线作用是将折线图中的折点与横坐标标签连接起来，而高低点连接线的作用是将几个数据系列的折点连接起来，可以直观看出不同系列之间的差距。

向数据系列添加折线的方法如下：

Step 01 单击要向其添加趋势线的数据系列。

Step 02 在“布局”选项卡的“分析”选项组中单击“折线”选项，在弹出的菜单中选择适合的类型，如“高低点连线”，如图6-39所示。

Step 03 添加折线后的效果如图6-40所示。

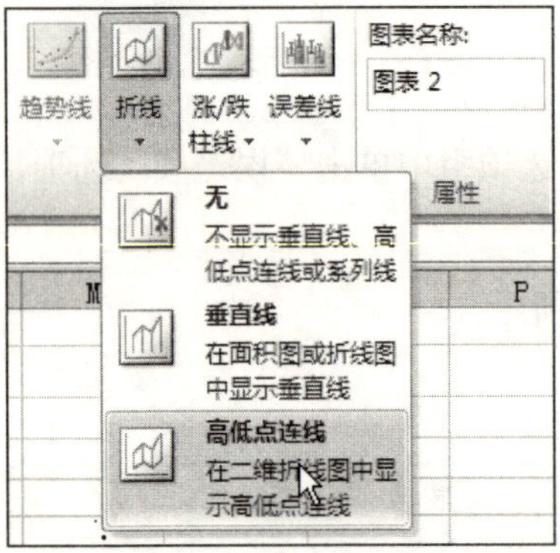

图6-39

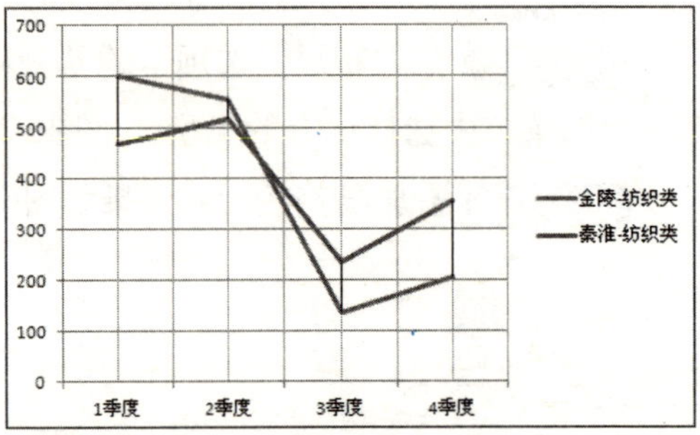

图6-40

Step 04 添加垂直线的效果如图6-41所示。

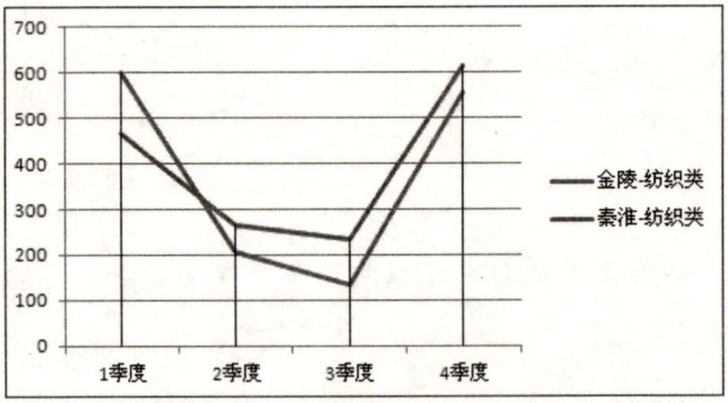

图6-41

王哥： 通过添加折线图可以直观地看出折线图折点对应的数据与数据折点之间的数据差。

小强： 嗯，明白了。

6.5.3 涨/跌柱线

王哥： 最后介绍涨/跌柱线。

涨/跌柱线适用于具有多个数据系列的折线图，涨/跌柱线只是第一个数据系列与最后一个数据系列之间的数据点的差异；在涨/跌柱形中，实心的实体表示数据呈上涨趋势，当数据呈下降趋势时，显示空心的实体。

向数据系列添加涨/跌柱线的方法如下：

Step 01 单击要向其添加趋势线的数据系列。

Step 02 在“布局”选项卡的“分析”选项组中单击“涨/跌柱线”选项在下拉菜单中选择“涨/跌柱线”，如图6-42所示。

Step 03 添加涨/跌柱线线后的效果如图6-43所示。

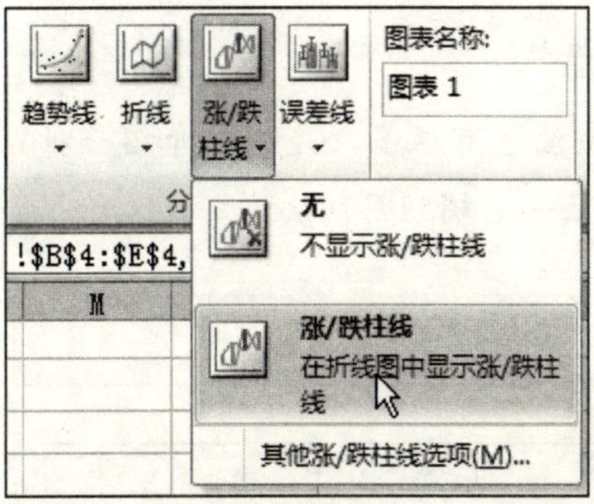

图6-42

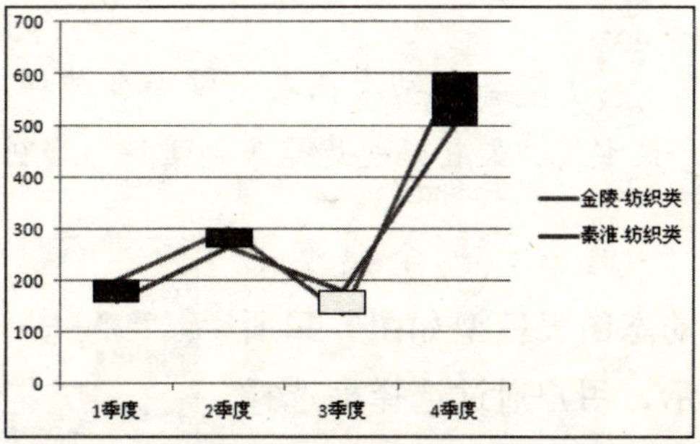

图6-43

王哥： 通过实体的大小也可以看出数据上涨趋势或下降趋势的缓急，这些分析工具对分析图表数据有极大的帮助，而且操作起来很简单，学会这些基本的操作，对工作很有帮助。

小强： 用这些分析工具可以代替图表说话，我明白了。

6.6 让图表动起来

王哥： 在定义名称时我们提到，可以对公式定义名称，以方便绘制图表，还记得吗？

小强： 记得呢，在公式与函数中你也介绍了，使用OFFSET函数配合公式可以创建动态图表，接下来是不是想教我动态图表啊？

王哥： 答对了。动态图表也称交互式图表，即图表的内容可以随用户的选择而变化，是图表分析的高级形式。一旦从静态图表跨入动态图表则分析的效率和效果都会得到极大提升。一个好的动态图表，可以让人从大量的数据里快速找到问题所在。

小强： 这就是高手的境界？

王哥： 动态图其实没那么神秘，做法也有很多，先给你介绍一种最常用、最直观也是最易于理解的绘制方法——辅助系列法。

通常，一个典型的动态图表模型如图6-44所示，用户通过选择框选择目标数据，选择结果被记录下来，然后相应的数据被引用到辅助系列区域，再以该辅助区域的数据做图表，那么图表就具有动态交互的能力。

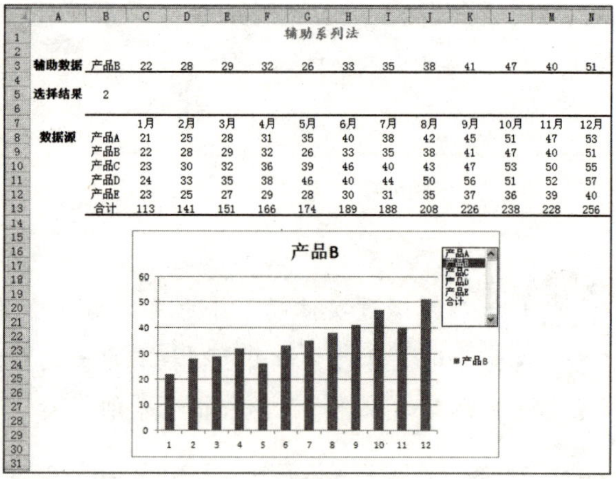

辅助系列法

辅助数据	产品B	22	28	29	32	26	33	35	38	41	47	40	51
选择结果	2												
		1月	2月	3月	4月	5月	6月	7月	8月	9月	10月	11月	12月
数据源	产品A	21	25	28	31	35	40	38	42	45	51	47	53
	产品B	22	28	29	32	26	33	35	38	41	47	40	51
	产品C	23	30	32	36	39	46	40	43	47	53	50	55
	产品D	24	33	35	38	46	40	44	50	56	51	52	57
	产品E	23	25	27	29	28	30	31	35	37	36	39	40
	合计	113	141	151	166	174	189	188	208	226	238	228	256

图6-44

Step 01 添加控件工具栏。开“Excel选项”对话框，在左侧窗格单击“自定义功能区”标签，接着单击“自定义功能区”文本框下拉按钮，选择“主选项卡”选项，在下面的列表中选中“开发工具”复选框，如图6-45所示，即可添加“开发工具”选项卡。

Step 02 切换到“开发工具”选项卡，在“控件”选项组单击“插入”下拉按钮，在其下拉列表中选择“列表框”控件，并在工作表中绘制列表框。

Step 03 双击进入其设置对话框，将数据源区域设置为源数据所在工作表的B8:B13单元格区域，将单元格链接设置为存放结果的单元格85，如图6-46所示。

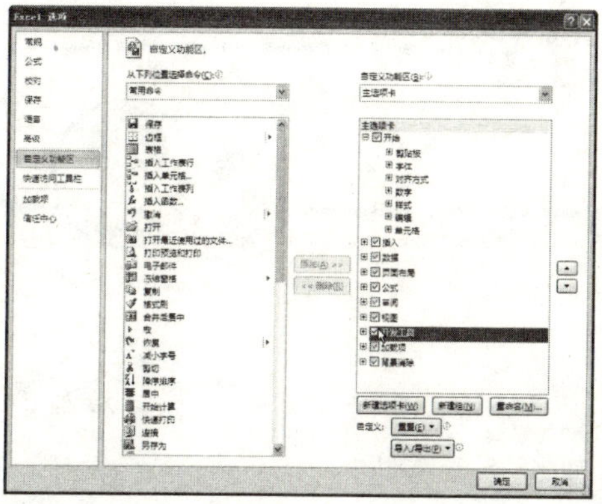

图6-45

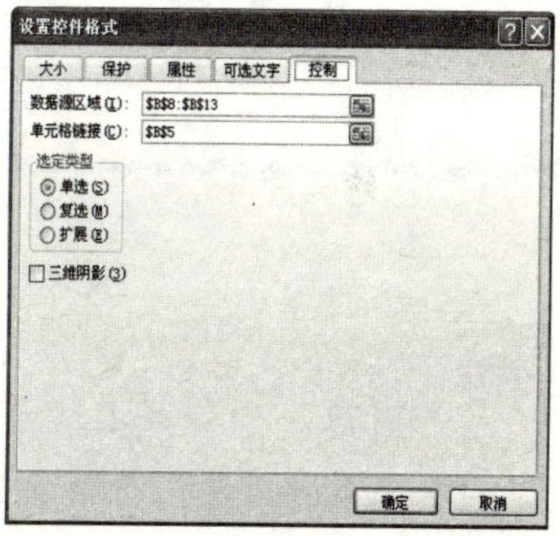

图6-46

Step 04 现在，我们要按照B5中选择的结果，将数据源中对应行搬到第3行。

设置B3公式为“=OFFSET(B7,$B$5,)”，将公式复制到C3:N3。

Step 05 使用第3行C3:N3区域作为数据源绘制图表。

试着改变列表框的选择，图表将跟随变动，一个动态图表以完成。

小强： 明白了，就是使用辅助系列绘制图表，再通过添加控件更改辅助系列的数据源，从而达到图表的自动更新。

王哥： 理解得很到位，还可以使用“动态名称”定义法来创建动态图表，将前面名称定义中定义的公式名称设置为图表的数据系列和水平轴标签，对图表添加控件后，即可形成动态图表，如图6-47所示。

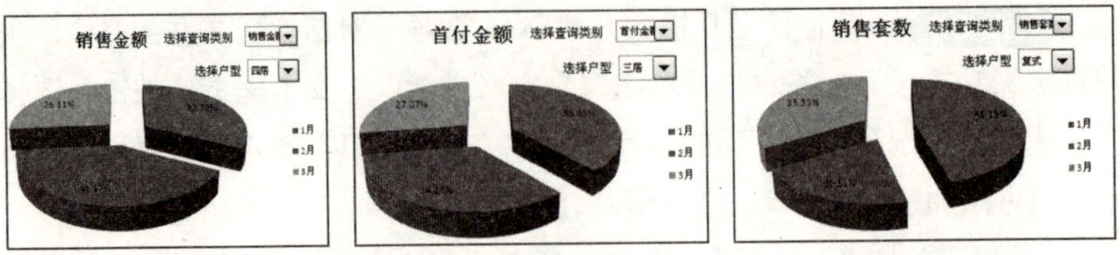

图6-47

小强：嗯，上次按照您教的办法进行了练习，原来添加控件就可以直接控制图表，又学会一招。

6.7 图表设计误区应避免

王哥：小强，看过麦肯锡和罗兰贝格以这种顶级咨询公司和商业周刊上专业的图表，你能告诉我他们为什么专业吗？

小强：整体感觉很专业，可是具体哪里专业我也说不出来，怎么模仿似乎也只能模仿到形似，而不能了解精髓。

王哥：那我们先来看看一些不专业的图表，通过对这些不专业的图表进行分析，找出错误，这样就能更清楚地知道一幅专业的图表是如何生成的。

小强：了解错误才能够避免犯错。

6.7.1 不是设计越满越好

王哥：在绘制图表时，要遵循“最大化数据墨水比”原则。最大化数据墨水比是指当自己完成一张图表时，想象通过打印机输出时，有多少碳粉是必不可少的，有多少碳粉是被浪费掉的？数据墨水比并不是真的要计算出一个比例，它只是一个观念，要求我们考虑每个图表元素的使用目的和最佳呈现方式。

最大化数据墨水比主要可以从两个方面出发：① 减少和弱化非数据元素；② 增强和突出数据元素。

小强： 什么是数据元素？什么又是非数据元素？

王哥： 在图表中，曲线、条形、扇形等代表的数据信息，称为数据元素；而网格线、坐标轴、填充颜色等跟数据源无关的就叫做非数据元素。

接下来我们来玩一个“Delete”的游戏，如图6-48所示，你想像下Delete的键在你手上，仔细看图中的每一小块，每一点内容，感觉一下删除哪些东西是不会影响数据信息的传递，如果不受影响，你告诉我，我来Delete掉，直到所有数据都有用为止。你来说，我来操作，OK？

小强： 好的。额，这图也太恐怖些了吧，看的眼睛都花了，我来给它清理清理。

首先，删除背景的图片填充不会影响数据结构，可以Delete背景图；纵坐标网格线也一样，可以Delete；还有图中轴坐标显示了图例内容，图例也可以Delete；还有就是图表的边框线也是多余的。

王哥： 好的，按照你的指示，Delete掉背景图片、网格线、图例和边框线条，现在图表变成图6-49的样子了，还有需要Delete的地方吗？

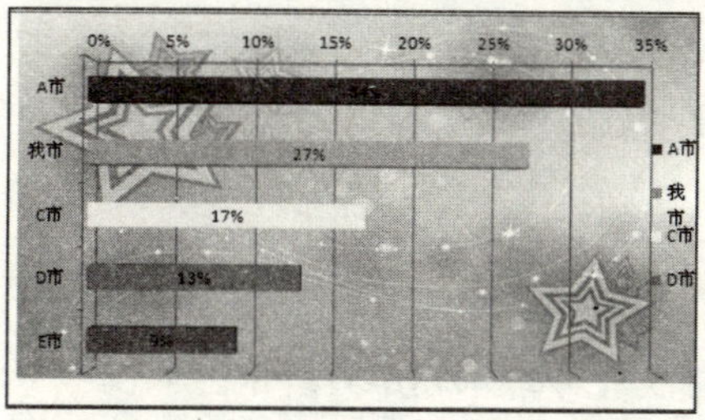

图6-48

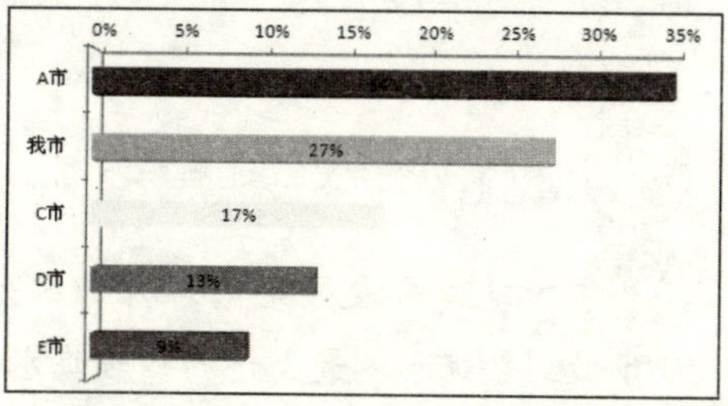

图6-49

小强： 横坐标轴貌似也不用，数据标签以及体现出确切值了，纵坐标的线条也可以Delete掉。

王哥： 对的，还有吗？数据条呢？

小强： 数据条是反映数据内容的啊，不能Delete吧？

王哥： 的确，但是需要用到三维效果吗？二维效果就可以显示了，另外补充一下，我们最需要关注的信息是我市GDP的增长，是吧？可是在这张图里重点信息没有合理地体现出来，不同颜色的数据条让读者一下子眼花缭乱，找不到重点，所以，只需要将“我市”数据条颜色突出一下就可以了。

最后加上标题。这就是最大化数据水墨比的效果图，如图6-50所示。

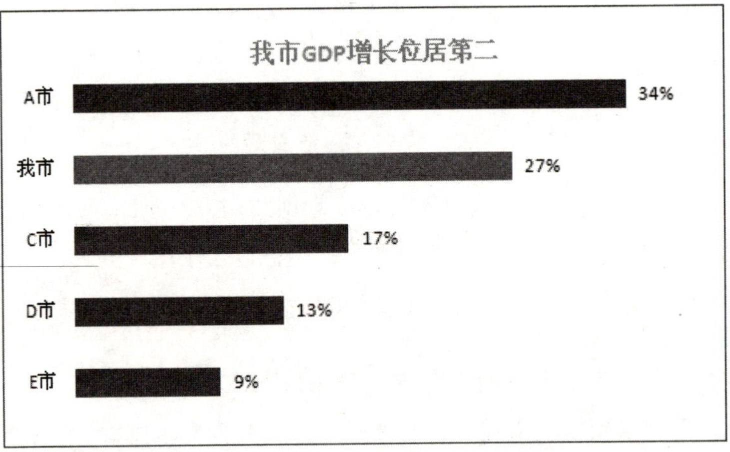

图6-50

小强： 嗯，更改过顺眼多了。

王哥： 那是一定的。再回顾一下刚刚的过程，看我们是怎么样一步步做到数据水墨最大化的？数据水墨最大化步骤如图6-51所示。

数据水墨最大化步骤
① 去掉不必要的背景填充色
② 去掉无意义的颜色变化
③ 删除装模拟质感的渐变色
④ 删除网格线、边框
⑤ 删除不必要的图例
⑥ 删除不必要的坐标轴
⑦ 删除装饰性图片
⑧ 删除一切3D效果
⑨ 以上不能删除的元素尽量淡化
⑩ 对需要加强的数据元素进行突出标识

图6-51

6.7.2 注意配色，避免冲突

王哥： 小强，记得你是PPT高手的，在制作PPT的时候颜色设置有什么要求吗？

小强： 这个你难不倒我，要想让PPT设计的时尚，需要了解色彩的意象，不同的颜色代表着不同的意象，也给人直观的感受，各种颜色的意象如图6-52所示。

颜 色	意 象
红色	活力、积极、热忱、温暖、危险
黄色	富贵、光明、单纯、活泼、警示
绿色	和平、宁静、生机勃勃、清爽、生命、安全
蓝色	沉稳、理智、准确、博大、犹豫
紫色	华丽、典雅，神秘感
白色	纯净、简约、寒冷、严峻
黑色	高贵、稳重、肃穆

图6-52

王哥： 看样子你对颜色还有些研究。色彩学可是一门大的学问，但我们并不需要精通，懂点基础知识就可以了。PPT的配色原理和Excel配色原理相同。

色彩的C大调

王哥： 色彩这东西说来话长，我们不是专业人士，所以只需要了解色彩的基础知识了，比如三原色、相似色、对比色等。

给你看下色环，如图6-53所示，有什么感觉？

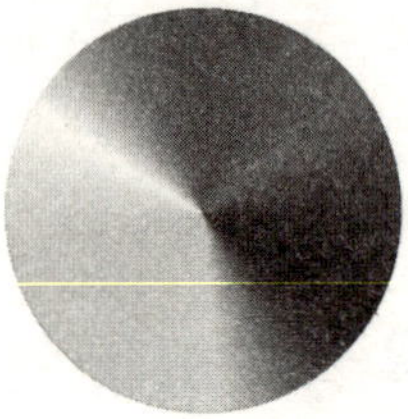

图6-53

小强： 眼睛都看花的了。

1. 三原色

王哥： 哈哈，其实色环里只有最基本的三种颜色，红黄蓝，它们是色环中又有颜色的“本源”，其他颜色都是由这三种原色变换出来的。

小强： 老师以前好像教过。

王哥： 然后，三原色两两混合，组成了二次色。红+黄=橙。黄+蓝=绿，红+蓝=紫。二次色所处的位置是两种原色一般的地方，二次色再两两搭组成了三次色，三次色由想练练的两个二次色调合而成，如图6-54所示。

王哥： 色彩还就可以继续两两调和下去，现在懂了吧？重要的是每一种颜色都有部分相邻的色彩，如此循环成一个色环。

小强： 有点明白了。

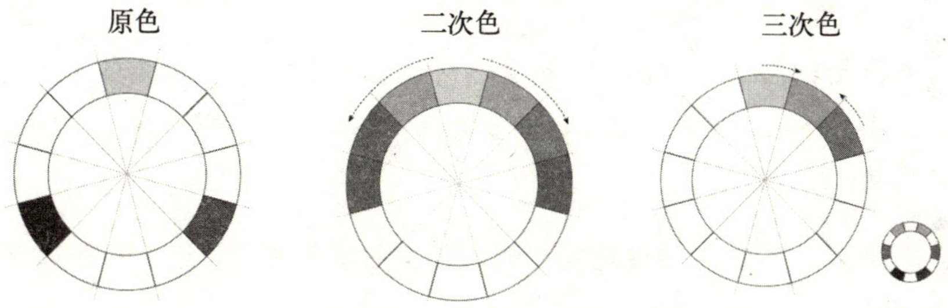

图6-54

2. 相似色

相似色是由一种色调及其相应的多种两色和暗色组成，如图6-55的左图所示。相似色组合在一起给人的感觉很素雅、正式，但是也要注意可能会导致画面较平淡和对象区分不够的问题。

3. 邻近色

邻近色是色环上相邻的颜色，如图6-55中间的图所示。橙黄色、橙色和橙红色，他们都有相同的基础色，所以邻近色的色调统一和谐，能够带给读者一种明显情感特征。

4. 对比色

对比色是指色环上相对的颜色，如图6-55右边的图所示。由于它们互相对立，所以在表示强调和对比时可以使用对比色，例如在表示茶农的盈亏情况时，盈利可以使用蓝色，亏损则可以使用红色。最常用的对比色是：深色与浅色、亮色与暗色、冷色与暖色，其实深色和浅色的经典用色是黑色与白色。

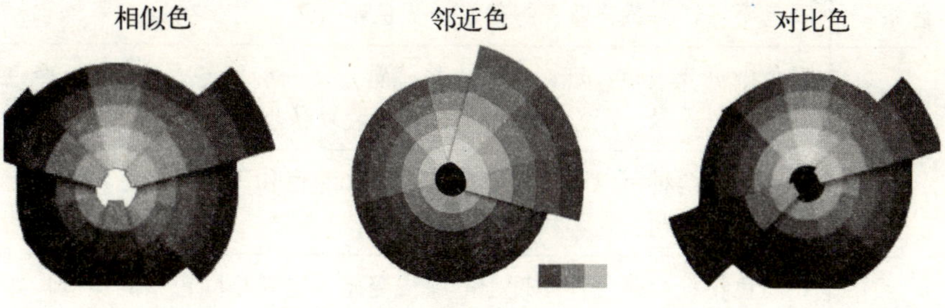

图6-55

5. 冷暖色

小强： 那什么是冷暖色呢？

王哥： 除了相似色、邻近色、对比色区分之外，颜色还有冷暖色之分。冷色给人以安静、冷酷、稳重的感觉，暖色给人以热情、奔放、温暖的感觉。

小强： 那红色应该是暖色调，蓝色是冷色调了？还有那些颜色是冷色调呢？

王哥： 其实这些不需要刻意去记忆，这主要取决于你想给别人带来的感觉，在Excel的标准调色板里，也可以看到左上方的是冷色调，右下方地方是暖色调，如图6-56所示。

还要告诉你的是，我们可以通过增加一些红色或黄色将某些冷色调加温，或使用蓝色对暖色调进行降温。另外，冷色总是趋于后退，而暖色是趋于前进的，所以，暖色总是最吸引人眼球的。

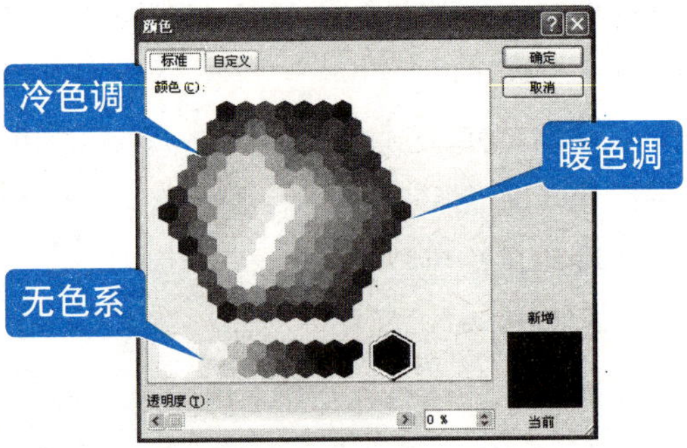

图6-56

对色彩知识进行一个总结，如图6-57所示。

项 目	说 明
色系	同色系（红、黄、蓝、绿等）、无色系（黑、白、灰）
色调	暖色调（代表色：红、黄，火热感觉），一般春冬季使用　　冷色调（代表色：绿、蓝，冰凉感觉），一般夏秋季使用
对比色	对比色指两种可以明显区别的色彩，如深色和浅色，冷色与暖色，可用于突出主题、内容和表现不同类别等
相似色	相似色指一个颜色在明度上的深浅变化（也就是同色系的颜色）如蓝色有深蓝、浅蓝等颜色，可以用于表现列数类似、过渡
邻近色	邻近色指如偏绿的蓝色、偏紫的蓝色，蓝色邻近绿色和紫色之间的颜色，可以用于表现类似、过渡的事物

图6-57

慎用的颜色

王哥： 在色彩使用时，也有三个需要慎用的颜色，小强，你猜是哪三个？

小强： 不会是交通灯的颜色吧？

王哥： 正是，黄色、红色和绿色因为有着特殊的含义，如图6-58所示，所以需要慎用。

懒人的配色模式

小强： 王哥，你一口气讲了这么多，我记不住啊，那要是搭配颜色，不还得一个一个去调试？

王哥： 呵呵，微软公司当然知道懒人的需求，早在系统内设置了主题颜色以供选择。

红绿灯	交通	企业分析
红	危险、禁止通行	显示指标存在重大问题
绿	表示安全，准许通行	表示指标发展良好
黄	提示即将有危险，起警示作用	显示指标存在潜在问题

图6-58

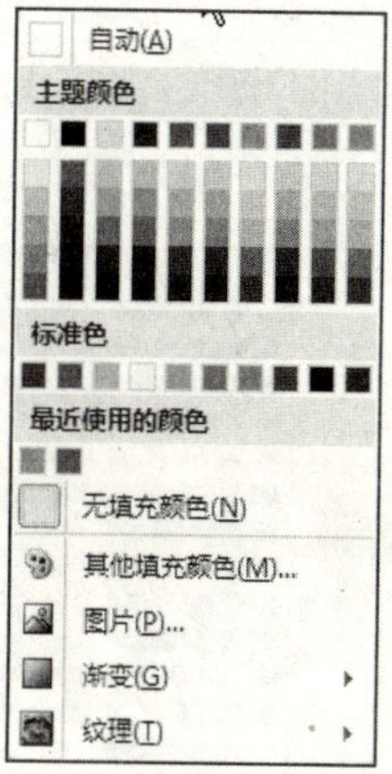

图6-59

如图6-59所示，Excel提高的颜色面板有70个格子。第一行是基本色，之后的5行由第1行颜色由浅入深的演变而来，在“主题颜色”后有一行“标准色”和“其他颜色”选择，选择“其他颜色”允许我们通过RGB值来指定想要的颜色。

提醒你，在绘制图表时，Excel默认使用主题颜色中首行的第5～10个格子的颜色来为图表配色，不够的时候会继续往后使用其余几行颜色。

小强： 难怪大家做出来的图表颜色都差不多，原来都是采用了Excel默认的颜色搭配。王哥，那有没有比较时尚些的模板啊，好歹也与众不同点？

王哥： 还真有，其实Excel还设置了很多主题色，只是很少人知道并使它们，现在我就教教你怎么换换主题颜色。

切换到“页面布局”选项卡，在“主题”选项组单击“颜色”下拉菜单，就可以看到如图6-60所示的主题颜色。Excel 2010中内置了44套经典颜色，再加上25套来自Office.com的主题颜色，这么多够你用了吧？

当我们变换主题时，文档中此前通过颜色面板指定了颜色的对象，都会自动变成相应的颜色，有点类似于某些软件中的换肤功能。

除此之外，你还可以在“内置主题颜色”对话框的最底部单击“新建主题颜色”按钮，利用这个功能可以建立自己的颜色主题，我们可以将自己常用的颜色定义为一个主题，绘制图表时就可以通过颜色面板快速取用，如图6-61所示。

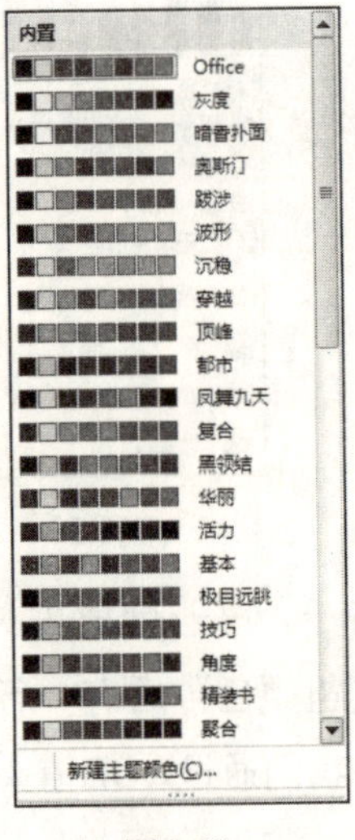

图6-60

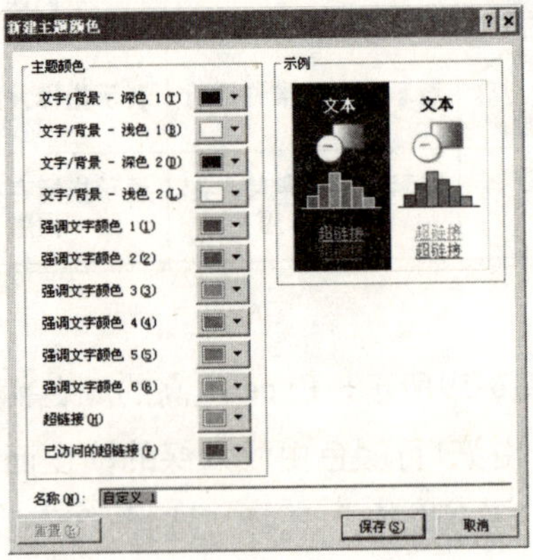

图6-61

6.7.3 注意条条框框的微细之处

王哥：学习了图表的绘制要点和配色，下面我们来学习绘制图表时要注意的一些条条框框，俗话说无规矩不成方圆，同样没有条条框框约束的图表也只是一堆颜色的堆积。

小强：懂规矩才不会犯错，对吧？

王哥：图表的条条框框主要体现在四点上。

➔ 避免生出无意义的图表

如果表格比图表能更有效地传递信息，这时候就可以省略绘制图表。图表贵精不贵多，决定做不做图表的唯一标准是：能否帮助你有效地传达信息。

➔ 不要把图表撑破

不要在一张图表里塞太多的信息，这是很多新手会犯的错误。就像我们前面说的图表不是设计得越满越好。一张图表只反映一个观点，这样才能突出重点，让读者迅速捕获核心思想。

➔ 只选对的，不选复制的

有些人沉迷于设计各种各样花哨的、所谓的“高级图表”，认为复杂的才能显示其水平。但是这违背了我们的专业精神的基本原则——简约。要记住，简单的才是美的。

➔ 一句话标题

标题我们前面也提到了，拒绝千遍一律的标题，尽量使用一句话标题，让读者通过标题就大致能猜到图表要表述的内容。

王哥：这些是对所有图形而言的，对于Excel里面的图表原型，还有针对性的主要事项，其中最需要注意的是饼图，小强，好记性不如烂笔头，你要记好了。

- 对于饼图要按照始终表盘刻度，让数据从12点中的位置开始排列，最重要的紧靠12点钟位置。

小强： 为什么要从12点钟位置开始排列呢？

王哥： 因为人的眼睛都习惯从左至右，从上到下的顺序观察事物。要使读者先抓住重要的信息，就要把它们放在最显眼的位置，也就是12点的位置。

- 数据项最好不要超过5项。这是“定位理论”的原则，人脑比较容易记住前5位，数据太多会分散注意力。
- 不使用爆炸式的“饼图分离”。

王哥： “饼图”分离是指将扇区都分离开来，感觉上好像摔碎的西瓜一样，如图6-62所示，这种做法不但不美观，而且阅读起来也不方便。不过可以将某一片扇区分离出来，前提是你希望强调这一片扇区。

小强： 貌似我以前都是使用的这个，这下记住了。

- 饼图不要使用图例。

小强： 不用图例读者怎么知道哪一部分代表什么数据呢？

王哥： 可以将标签直接表在扇区内或旁边。

- 尽量不使用标签连线，如果要用的话则切记凌乱。
- 尽量不使用3D效果，如果必须要用厚度尽量薄一些。
- 当对扇区进行颜色填充时，推荐使用白色的边框线，具有较好的切割感。

小强： 记下了，按照你说的，图表不能超过五项，那超过五项时要怎么办？

王哥： 这个问题可以使用复合饼图来解决。我们可以将5项以外的数据放入到第二个饼图中，也可以使用符合条形图的方式解决，如图6-63所示。

图6-62

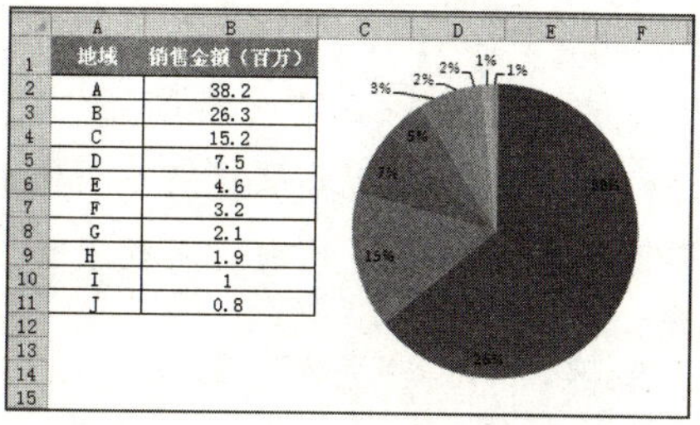

图6-63

复合饼图或复合条形图可以将分类数据中所占比例较小的分类合并成“其他”项，使图表反映的数据跟能突出重点。操作步骤如下：

Step 01 在如图6-63所示的工作表中选中数据源区域，切换到“插入”选项卡，在“饼图”下拉菜单中选择“二维饼图”里的复合饼图，如图6-64所示。

得到如图6-65所示的复合饼图，这个复合饼图还不符合我们的要求，此时还需要一些设置。

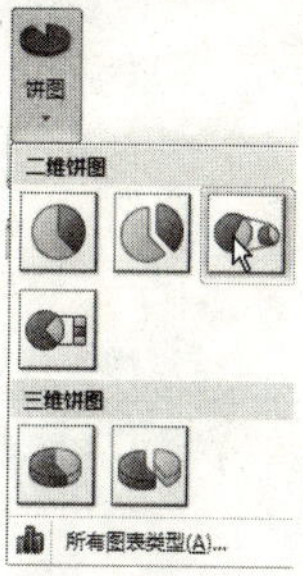

图6-64

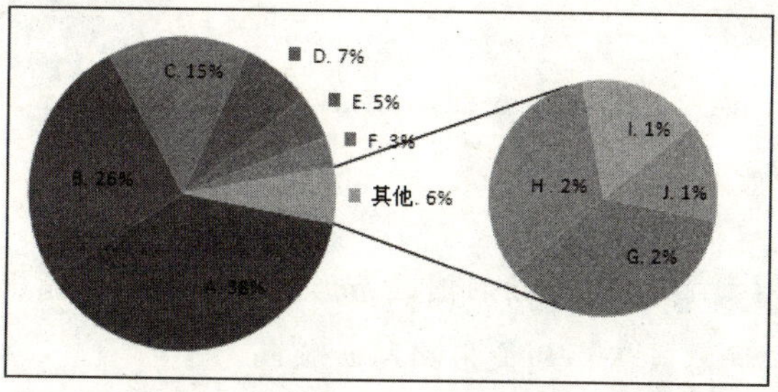

图6-65

Step 02 在Excel里，将第一个饼图称为“第一绘图区”，第二个饼图称为“第二绘图区”。我们先选取图表中的饼图，单击鼠标右键，打开“设施数据系列格式”对话框。

在“设置数据系列格式”对话框中保持“系列分割一句”的默认选项“位置”，再将“第二绘图区域包含最后一个”右边的数值选项条为“6”，如图6-66所示。

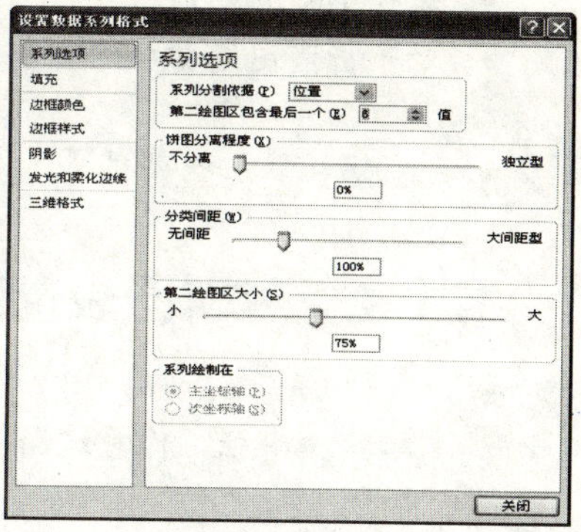

图6-66

王哥： 还可以在“分类间距”区域调整两个饼图之间的距离，在“第二绘图区大小”区域调整两个饼图的大小比例，然后单击“关闭”按钮，即可完成复合饼图的制作，效果如图6-67所示。

小强： 那是不是可以使用更改图表类型的方法，直接可以将复合饼图更改为复合条形图？

王哥： 是的，复合饼图和复合条形图都可以表示多个成分，所以可以根据需要更改，更改效果如图6-68所示。

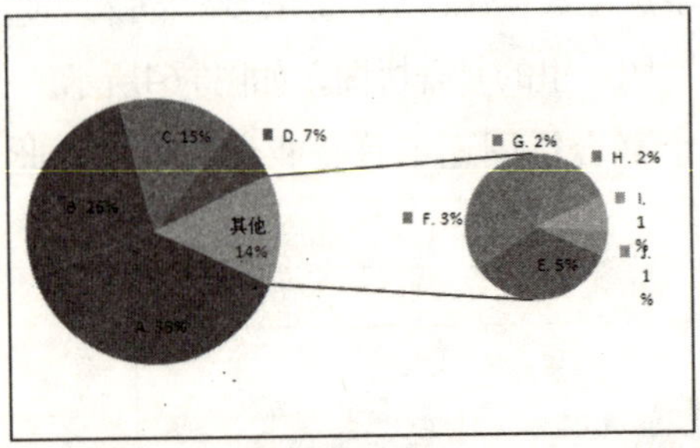

图6-67

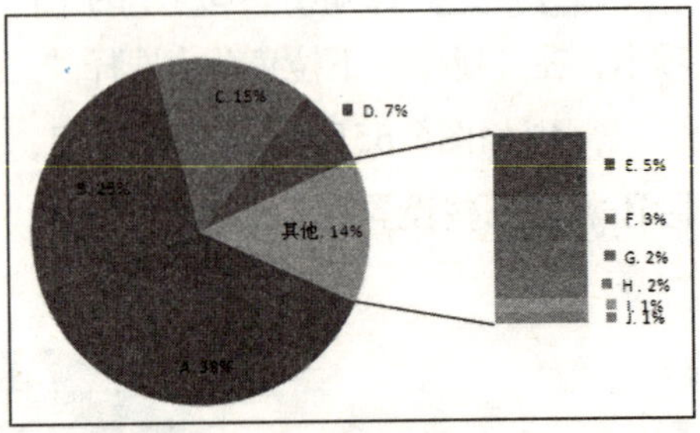

图6-68

王哥： 对于柱形图、条形图来说，通常情况下要注意的有：

- 同意数据序列使用相同的颜色。
- 不要使用倾斜的标签，别让读者歪着脑袋看。
- 去掉不必要的网格线、坐标轴和图例。
- 对于折线图还需要添加数据标签，方便读者知道数据。

小强： 嗯，我都记下来了。

6.7.4 有时图表也说假话

王哥： 小强，你见过图表也会说假话吗？

小强： 图表不都是根据实际数据来绘制的吗？怎么说假话呢？

王哥：是的，刚刚介绍的条条框框，说的都是新手容易犯的错误，而专业人士可以利用自己的技能夸大或掩盖事实，让图表说假话。在看图表时主要注意下面几点。

3D效果的假话

王哥：前面讲到图表设计时，说到要去掉三维效果的图形。别看3D效果很炫，根据“简约”的原则，3D效果实在是无关紧要的装饰，反而会使图表显得臃肿，而且有时候还会欺骗人的眼睛。

如图6-69所示的柱形图，使用了3D效果看上去是不是依次递增的？去除3D效果后你再仔细看下，其实E是高于F的，如图6-70所示。

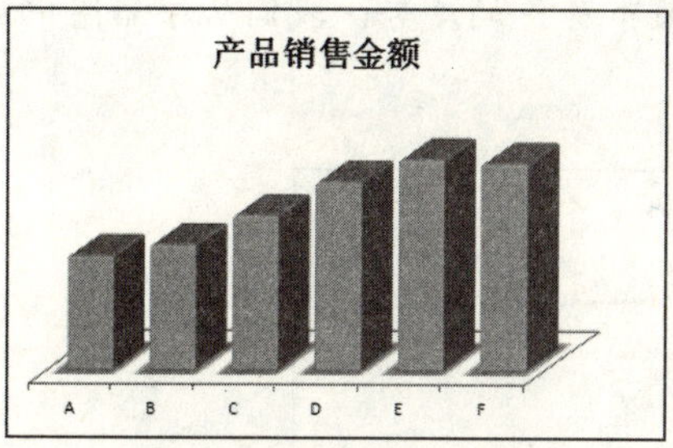

图6-69

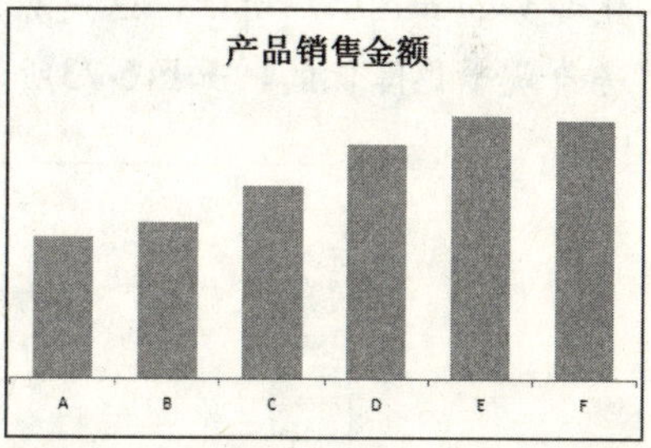

图6-70

小强：眼睛是被骗了。

水平坐标轴的欺骗

王哥：再拿一个柱形图做例子，如图6-71所示，给你的第一印象是不是数据是依次递增的？

小强：是啊。额，不对，横坐标是从2011年到2007年排列的，将横坐标逆序排列了？

王哥：哈，被你发现了。实际的图表为图6-72所示，数据是依次递减的。

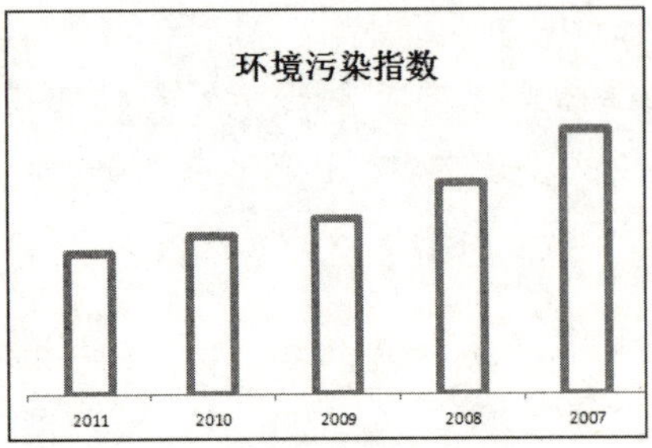

图6-71

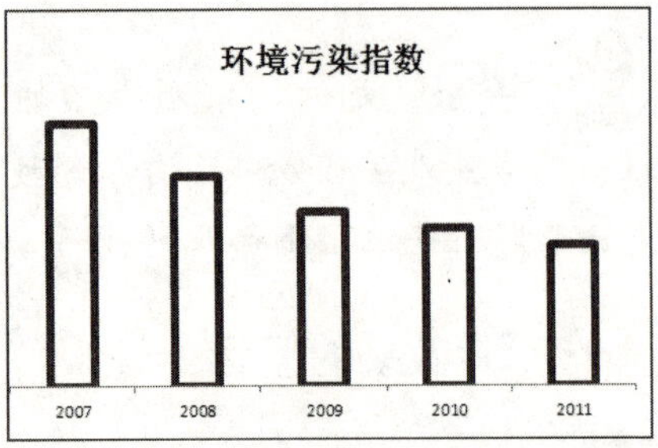

图6-72

警惕增长/降价内幕

王哥： 折线图中，最看重的是折线的增长，比如销售额的增长，业绩的增长，房价的增长等，有时候有些报刊杂志为了吸引读者故意夸大变化趋势，如图6-73所示，这是原本某市房价的走势，我们从原始图中看到房价是平稳降低的，如图6-73所示。

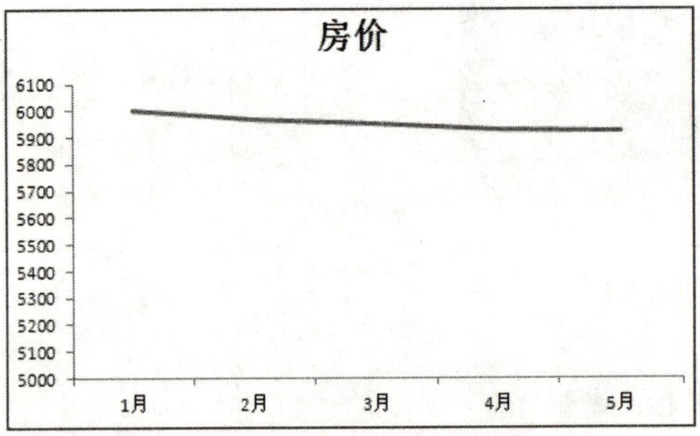

图6-73

你再看看图6-74所示的图表，是不是感觉房价在飞速下降？

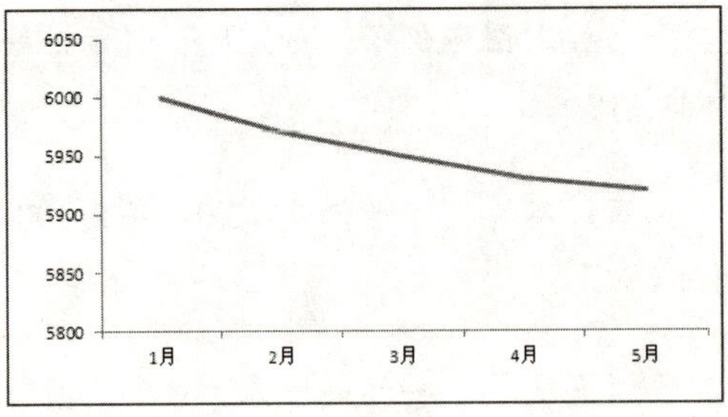

图6-74

小强： 哈哈，这个我知道。其实只是动了纵坐标轴的刻度。本来是从5000开始的，结果他偷偷改成了5800；本来纵坐标总长度是1050，现在变成了250，相当于纵向拉成了4倍多，当然图形也会发生变化。

王哥： 哈哈，不错，下次知道怎么火眼晶晶看图表了吧？

6.8 总结

王哥： 到现在为止，基本上所有的图表技巧我都毫无保留地教给你了，现在我们来复习下所学的知识，小强，你来总结吧。

小强： 好的，主要的知识点有：

- 排序筛选，查询和汇总、公式和名称定义，使用外部数据源等一些绘制图表要会的知识。
- 图表的布局、美化，以及图表格式的设置，列举了一些专业图表的设计，要求向专业看齐。
- 图表分析工具的使用，以及动态图表的制作。
- 图表的设计误区，避免新手经常会犯的错误，从高手制作的图表中看出端倪。

王哥： 总结得不错，要想从菜鸟变得专业，不是一朝一夕的事情，永远要不断地学习，怀揣着好奇心和进取心，才能不断进步。

小强： 嗯，谨记您的教诲。

读书笔记

第7章

好马无需伯乐——体现你的职场价值

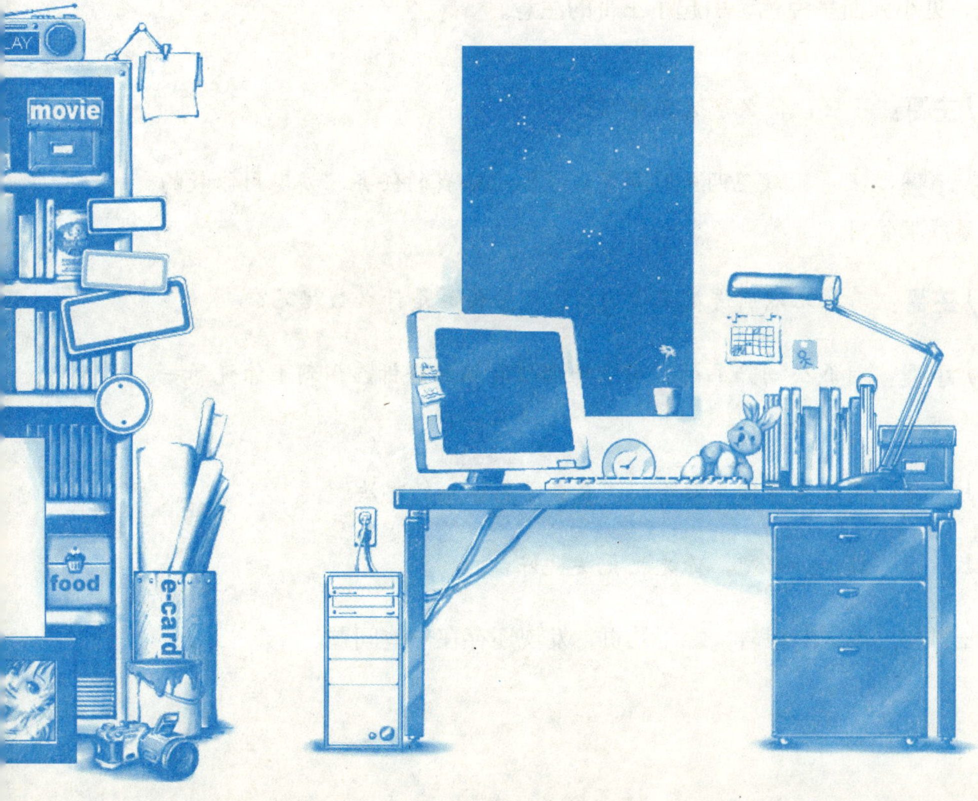

Boss安排新的数据分析报告任务给小强后，小强自以为得到了王哥的真传，花了两天时间，将数据结果整理出来，制作成一份PPT报告，很是得意，心想Boss这次一定会赏识他的。当他正要将报告交给Boss时，王哥正打他面前经过，见小强面呈悦色，引起了王哥的注意。

王哥： 小强，什么事这么开心？

小强： 王哥，我花两天时间完成了Boss给我的任务，发现用你教的方法果然很管用。

王哥： 看来比以前进步不少啊，这次分析的是什么数据呢？

小强： 对我公司产品的一份市场调研数据的分析，用到了你说的一些重要方法。

王哥： 还是我帮你先看看吧，我最了解Boss的想法。

小强： 额……好吧，你先把把关也好。

王哥接过小强的报告，翻了几页，发现还存在一些问题。

王哥拍拍小强的肩说：幸亏我先看了，要不然又要被Boss批评了。

小强：哪里出了问题呢？难道我用错了什么方法了？

王哥：先不要急，让我来告诉你如何生成数据分析，然后你再改，我可不愿亲笔帮你改呢！

小强：看来还得请王哥指导指导。

7.1 生成数据分析报告

王哥：小强，为了让你了解得更加全面，现在让我们来了解一下为什么要生成数据分析报告，生成数据分析报告对于公司效益的意义在哪里。

7.1.1 为什么要生成数据报告

数据分析的目的在于从杂乱无章的数据中提炼出隐藏的信息，找出研究对象的内在规律，数据分析报告通过对事物数据全方位的科学分析来评估其环境及发展状况。在实用中，数据分析报告可以帮助决策者提供严谨的科学依据，帮助决策者认识事物，以采取降低风险的适当行动（如图7-1所示）。

数据分析是有目的收集和分析数据，包括产品的市场调研和售后服务全过程的数据支持。如一个企业领导人要判定市场动向，必须要通过市场调研，以便制定合适的生产和销售计划。数据分析有着广泛的应用范围。

图7-1

数据分析报告主要有三个方面的作用，即展示分析结果、验证分析质量、提供决策依据，如图7-2所示。

图7-2

- 展示分析结果

数据分析报告要以某种特定的形式将分析结果展示给读者，读者通过报告迅速地了解数据反映的情况，从而分析、研究问题的基本情况。

- 验证分析质量

一份数据分析报告是否科学和严谨，可以通过报告中对数据分析方法的描述，对数据结果的处理与分析来检验，数据分析报告是对整个数据分析项目的总结，决策者可以从中感受到整个数据分析过程的严谨。

- 提供决策依据

数据分析报告得到的结论和建议可以作为决策者在决策时重要的参考依据，分析报告是决策者二手数据的重要来源之一。通过对数据的把握从而建立起相应的决策模型。

小强： 原来数据分析报告如此神通广大啊！

7.1.2 生成数据报告应注意哪些原则

王哥： 当然，我们在撰写数据分析报告时要坚持一定原则，可不能滥用数据，如图7-3所示。

图7-3

- 规范性原则

所谓规范性原则，就是数据分析报告中所使用的名词术语要与业内公认的术语一致，标准统一。

- 突出重点原则

在各项数据分析报告中，应重点选取真实性、合法性指标，构建相关模型，科学专业地进行分析，对于同一类问题，要按照问题的重要性来分级阐述。

- 实事求是原则

数据分析报告的基础数据必须要真实完整，分析过程要科学全面合理，分析结果要可靠，不可主观臆测，一切凭数据说话。

- 鼓励创新原则

科技的发展不断向前，我们在进行数据分析时也要鼓励尝试用新的方法，从实践中摸索新的模型，数据分析报告要将这些创新的想法记录下来，从新的方法中找到解决问题的途径。

总之，一份完整的数据分析报告，应当围绕目标，确定范围，遵循一定的前提和原则，系统地反映行业分析的全貌，从而推动该行业的进一步发展。

7.1.3 生成数据报告别忘了Boss的目的

小强：王哥对数据分析报告真是了如指掌，但这些对我这份数据分析报告有哪些指导意义呢？

王哥：这个问题问得好，我刚刚是在宏观上讲了数据分析报告的目的和原则，但每一个员工所面对的分析报告不同，决定了分析形式和手段的差异，只有一条是不变的，你知道是什么吗？

小强：只有Boss的目的才是标准！

王哥：真聪明，一般对于产品的市场调研分析重点要体现以下几个方面，基本上能达到Boss的目的了，如图7-4所示。

图7-4

- 产量分析

产品市场产量分析是对一定时期、一定的市场范围内可提供给消费者产品供给量的分析。产量主要取决于公司的生产能力，影响因素包括技术、材料、需求等方面，掌握了目前的供应量，就可以预测未来的供应量，从而估计销售形势。比如我们可以从某公司2011年上半年各月产量的数据趋势中可以预测未来各月的产量。

- 销量分析

产品市场销量分析主要是分析一定时期、一定地域某产品的销售数量，从而预测产品在某地区的潜在需求量，销量受地域经济影响较大，不同地域的不同人群的购买特点与产品的销量是息息相关的。

- 渠道分析

渠道分析主要针对企业各个销售渠道进行多维度、多指标分析，使管理层及时应对市场竞争变化，调整渠道政策。

- 竞争力评价

企业竞争力评价，是指借助根据企业竞争力影响因素而建立的指标体系，对竞争力水平进行评估的过程。企业竞争力的提高需要有一个过程和可用于指引这一过程的、行之有效的战略，一套科学、合理的竞争力评估方法，对企业的竞争位势起到良好的指引作用。

王哥拍拍小强的脑袋说： 现在看看你的数据报告，哪些地方需要改善自己清楚了吗？

小强： 我的报告确实存在不足，这个报告先不拿给Boss看，我回头要好好改改。

王哥： 嗯，学以致用，小强好样的。

小强： 是王哥教导有方啊，王哥能不能通过具体的例子来说明一下，一份优秀的数据报告所包含的要素呢？这样我理解起来更加具体直观了。

王哥： 呵呵，你这么好学，但要仔细听好了。

7.2 数据分析报告的结构

王哥： 我们拿到一份数据分析报告时，要分析它的结构，如果一份数据分析报告缺少结构，就会导致内容太散，这样阅读起来难以把握重点，小强，你的报告在结构上还需要完善一下。下面我用具体的例子来说明。

小强： 王哥快快道来！

7.2.1 标题页

王哥：标题页就是要写明报告的名称、数据来源、呈报日期等，要精简干练，标题页最好能抓住阅读者的兴趣，因此标题页的制作十分讲究，如图7-5所示。

标题是标题页的核心，一般在一两行内完成，常用标题类型如图7-5所示。有的报告可能采用正副两个标题，正标题表达报告的主题，副标题则具体表明报告的单位和问题。

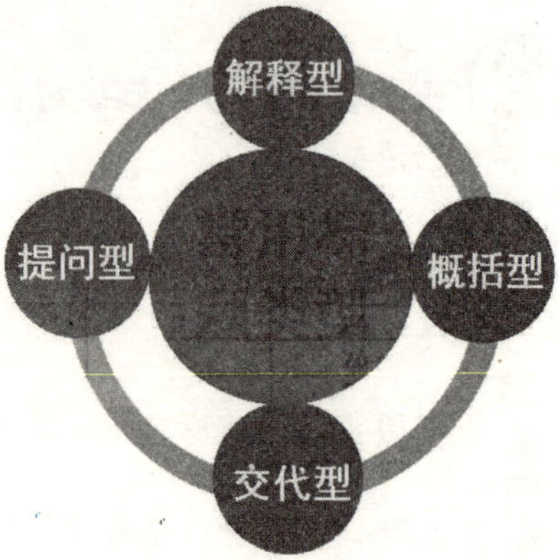

图7-5

常用标题类型主要有：

- 解释型：即用一句话来解释数据分析报告的基本观点。如《语音业务是公司发展的重要支柱》《不可忽视高价值客户的保有》等。
- 概括型：叙述报告反映的事实，概括分析报告的主要类容。如《2012年1～2月我国彩票销售增长34.3%》《2011年新疆居民消费价格指数涨幅回落》等。
- 交代型：即交代分析的主题，不阐明分析师的观点，如《2011年主要城市旅游接待情况分析》《2011年医学行业PPI和CPI走势图分析》等。
- 提问型：以提问的方式来点明数据分析报告的问题，从而引发读者的阅读兴趣，这种类型易让读者做好阅读前的思考准备，如《公司客户流失的原因何在》《1500万收入的利润是怎样获得的》等。

我们在制作标题时需要做到以下几个方面，如图7-6所示。

- 直接：数据分析报告讲究实用性，为决策者提供服务，因此标题的语言毫不含糊，直截了当，让决策者一眼能看出这份报告是分析什么的，做好阅读的思考准备。

- 简洁：所谓简洁，就使用较少的文字概括较多的内容，标题必须有高度的概括性，使用的文字有鲜明的指向性，让决策者第一时间准确把握报告的内容。
- 确切：做到文题相符，标题长短适度，恰当地表现报告的内容和对象的特点。

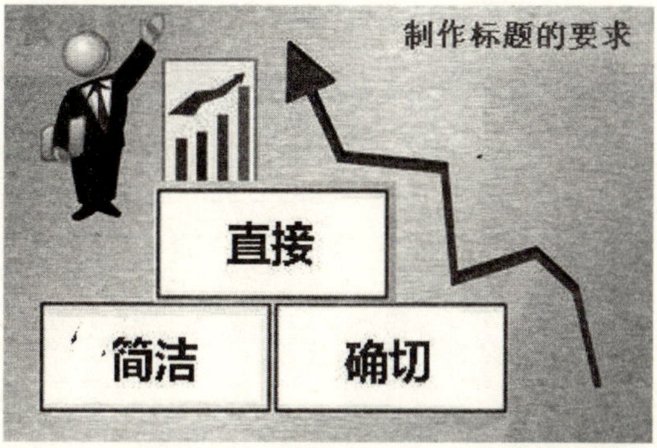

图7-6

除以上三个方面外，我们在制作标题时应该讲究标题的艺术性，对分析对象展开合理的联想，运用恰当的修辞方法为标题增色，使标题新鲜活泼，独具特色，如《我和客户有个约会等》。

在标题页上应该包含三项内容：一是数据报告的标题；二是所属单位或调查公司；三是完成和呈报报告的日期，如图7-7所示。

图7-7

7.2.2 目录

王哥： 目录是报告中各章节内容索引和附录的顺序提要，方便读者了解报告的内容名目，有些目录在各章节还要写上对应的页码。目录要求简洁性和概括性，因此以不超过一页为宜，如图7-8所示。

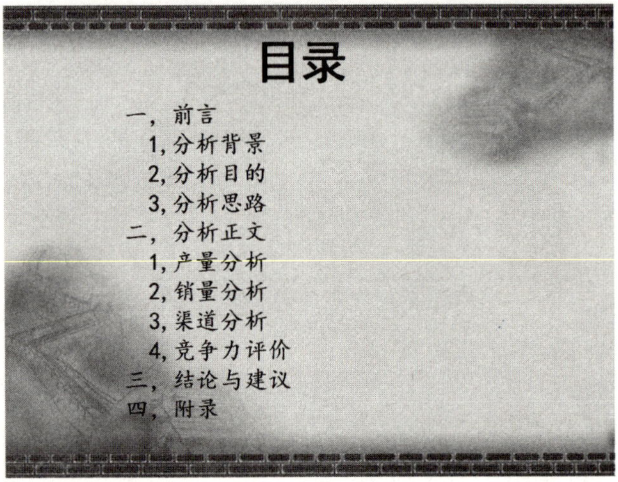

图7-8

7.2.3 前言

王哥： 数据分析报告的前言通常用来说明分析工作的背景、范围、对研究问题的拟订，以及分析要达到的目标和分析思路等。此外，如果有必要，还可加入历史背景的简要描述。前言的目的是引导读者详细探讨面临的问题，前言以不超过两页为宜。

前言主要包括分析背景、目的以及思路三个方面。

- 分析背景：主要说明此项分析报告的背景和意义，有时还包括发展现状等。分析背景使决策者对整个分析研究的背景有所了解，便于决策者在宏观上把握分析报告的内容，如图7-9所示。

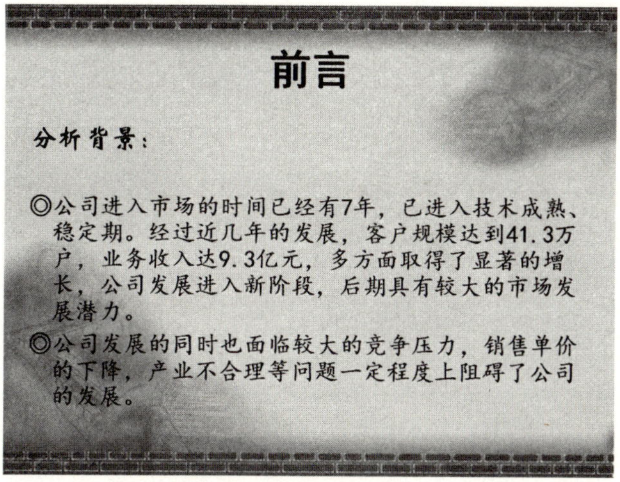

图7-9

- 分析目的：所谓分析目的，即通过本次分析报告给能带来的效果，向决策者展示分析报告所要达成的目标，在前言中通常以简明扼要的语言进行概括，分析目的体现了数据分析报告的实用价值，如图7-10所示。

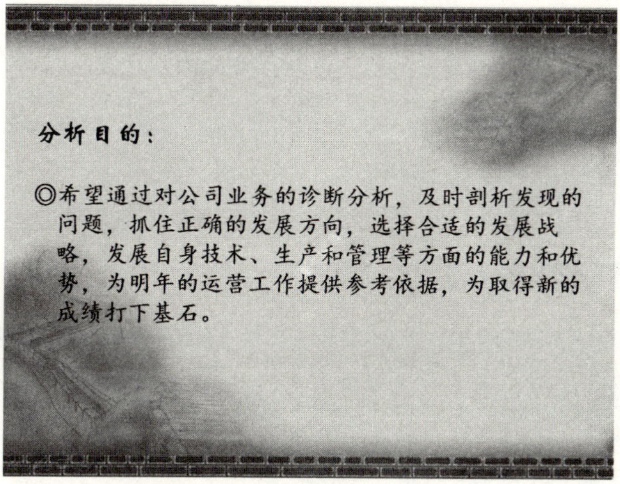

图7-10

- 分析思路：分析思路展示了数据分析报告的内容和指标，是分析方法的重点，分析思路往往决定了一份数据分析报告的成败。

数据分析师需要在营销、管理理论的指导下才能确保数据分析维度的完整性，分析结果的有效性和正确性。分析思路是报告中最需要琢磨的地方，如图7-11所示。

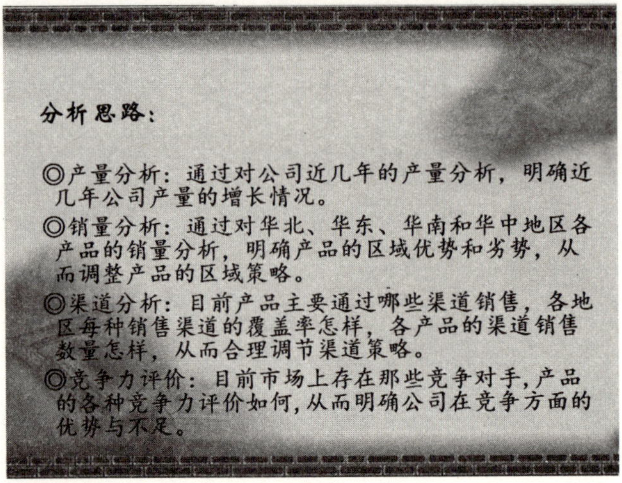

图7-11

小强：真没想到一份数据报告还要讲究这么多东西呢！

王哥：这些我说起来容易，做起来要费不少心思，而且要不停地总结方法，在实际操作中慢慢培养能力。

小强：呵呵，王哥说得对，小强我还差不少功夫啊！

7.2.4 正文

王哥：小强，下面就进入报告的核心部分——正文，正文系统而全面地展示数据分析的过程与结果。正文必须与分析思路相结合，分析思路中的各项内容在正文中都要有所体现，数据分析师根据分析思路以图表相结合的方式一步步展开分析，形成报告正文，方便决策者理解。

正文是一篇报告的重点部分，表达数据分析师的见解和研究成果，正文部分必须要有严谨科学的论证，才能确认观点的合理性和真实性，报告正文的特点如图7-12所示。

图7-12

下面就开始一篇报告的正文分析了。首先是产量分析，公司的产量分析可以用柱形图表示，可分析历年的产量情况，也可针对该年各季度的产量情况进行分析，按公司需要合理确定对象即可。用折线图表明同比增长情况。这样能反映各时间段的产量对比。如图7-13所示，这个图表主要反映公司近几年的产量情况与增长速度。

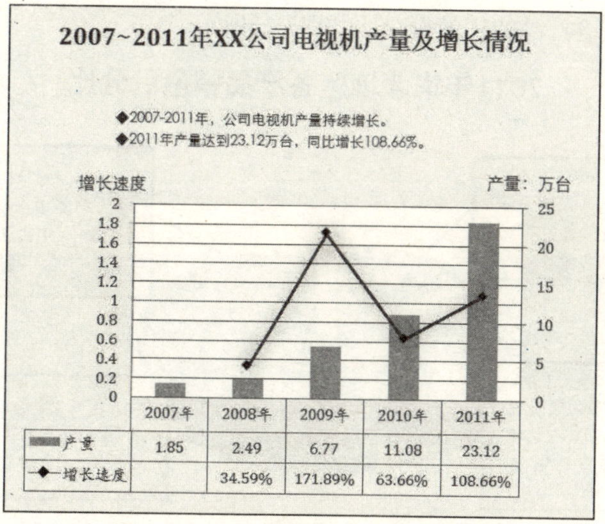

图7-13

产量分析使决策者掌握公司产品供应量情况，在此基础上就可以预测未来的产品的供应量，这样便于估计销售形势。

接下来是销量分析，销量分析要联系地域销量情况，对不同地区进行逐个分析。如果公司同类产品有多种不同类型，则要将各类型产品的区域销售情况反映出来。产品在各地区的销量情况可以用表格形式或柱形图展示，根据不同的需要选择，表格形式反映数据明确直观，条形图则反映各产品销量的对比情况。一般情况下，各产品销量百分比用饼图表示，饼图在表示百分比方面形象、明确。

下面是XX电视机生产公司2011年各类型产品的区域销量分析报告。

（1）2011年XX公司电视机在华北地区的销量情况分析，如图7-14所示。

2011年华北地区各产品销量一览表

产品类型	销售台数（台）
产品A	1605
产品B	692
产品C	1302
产品D	637

图7-14

华北地区各产品的销量百分比如图7-15所示。

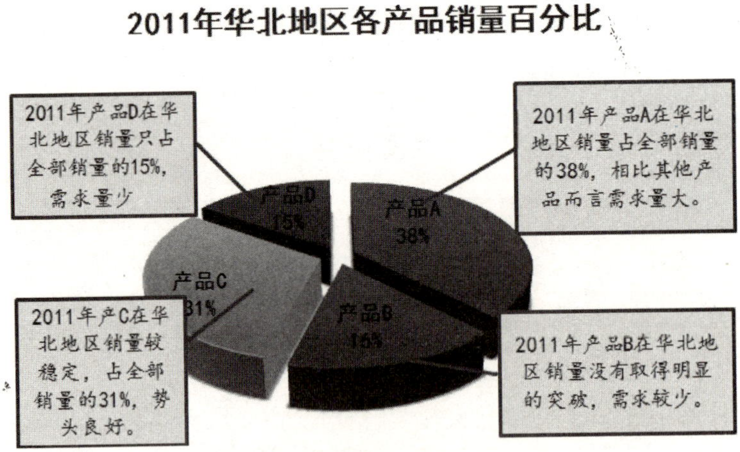

图7-15

可用注解文本框对各产品在该地区的销售情况作简要分析，这样使决策者一目了然，避免赘述，使整个画面简洁宽敞。

（2）2011年XX公司电视机在华东地区的销售情况分析，如图7-16所示。

2011年华东地区各产品销量一览表	
产品类型	销售台数(台)
产品A	4120
产品B	5198
产品C	2618
产品D	3601

图7-16

华东地区各产品的销量百分比如图7-17所示。

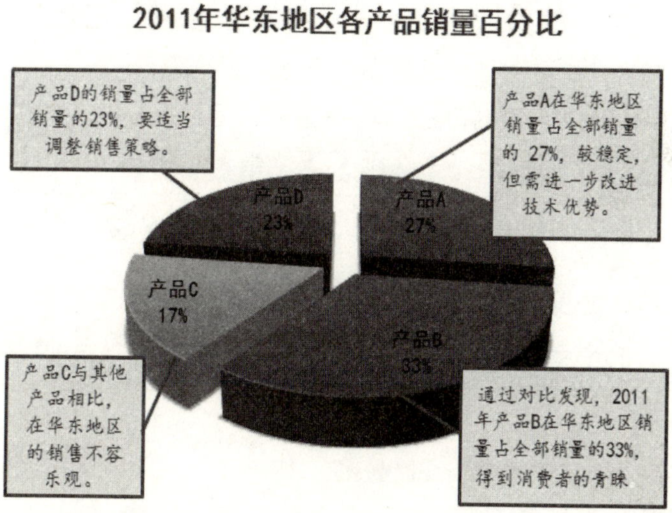

图7-17

（3）2011年XX公司电视机在华南地区的销售情况分析，如图7-18所示。

2011年华南地区各产品销量一览表	
产品类型	销售台数(台)
产品A	6025
产品B	3490
产品C	2675
产品D	1001

图7-18

华南地区各产品的销量百分比如图7-19所示。

2011年华南地区各产品销量百分比

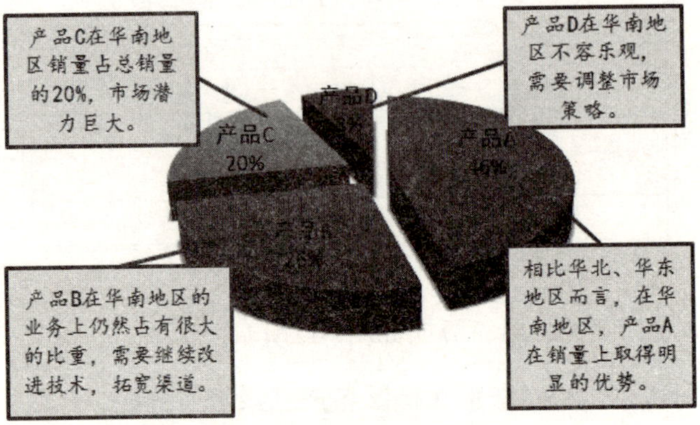

图7-19

（四）2011年XX公司电视机在华中地区的销售情况分析，如图7-20所示。

2011年华中地区各产品销量一览表

产品类型	销售台数（台）
产品A	5778
产品B	824
产品C	3993
产品D	2513

图7-20

华中地区各产品的销量百分比如图7-21所示。

2011年华中地区各产品销量百分比

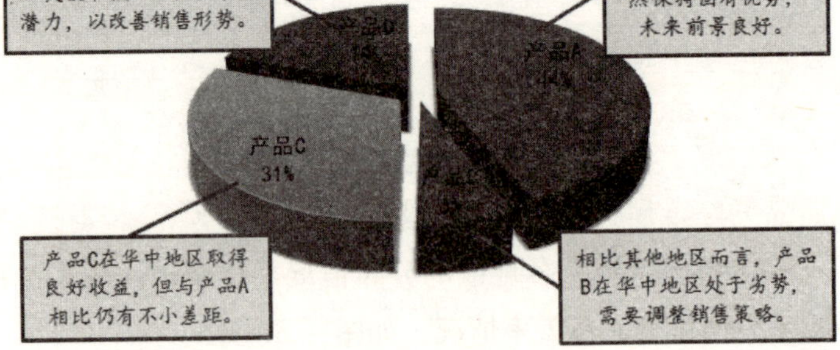

图7-21

现在，关于该公司的销量分析就到此结束了。

销量分析完毕后，就进入数据分析的第三个主题——渠道分析。渠道分析前，要明确公司目前主要通过那些渠道销售产品，可以用图示展示出来，如图7-22所示。

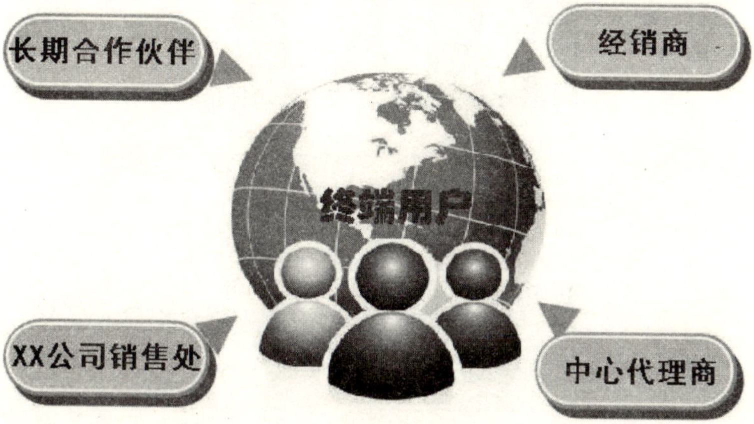

图7-22

小强： 知道这些销售渠道后下一步怎么办呢？

王哥： 这只是让决策者先了解公司的主要销售渠道，对数据分析师而言，要将各销售渠道在各地区的覆盖率表现出来。

小强： 这应该怎么做呢？

王哥： 你别急，听我往下说。

各渠道在各地区的覆盖率必然有所差异，这就需要数据分析师将这种差异用数据的形式反映出来，以明确各地区的主要销售渠道是什么，哪些地区的渠道政策需要调整，何种销售渠道需要进一步稳固等，我们可以用百分比堆积柱形图表现各销售渠道在各地区的分布情况，这样能让决策者直观地看出产品在各地区的销售渠道覆盖率情况，如图7-23所示。

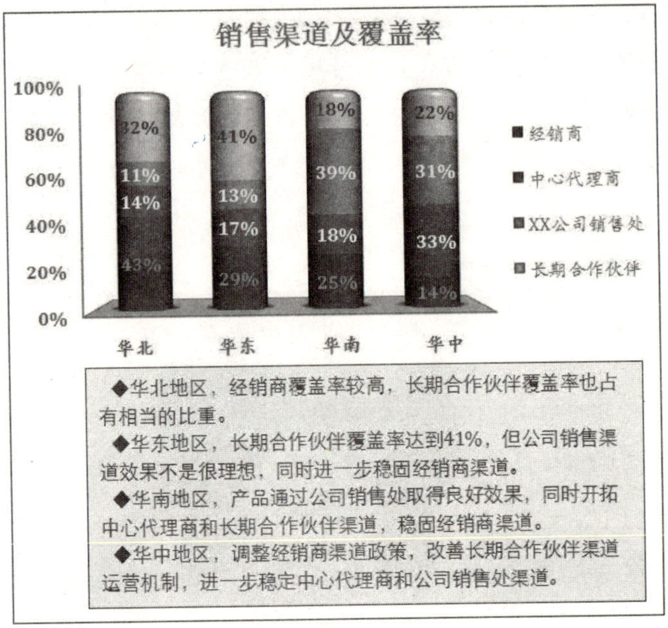

图7-23

分析完销售渠道及覆盖率后，为了反映各销售渠道的销售量，可用柱形图显示公司产品在每种渠道下的销售量，柱形图展示各产品不同渠道销售结果的对比，使人一目了然，如图7-24所示。

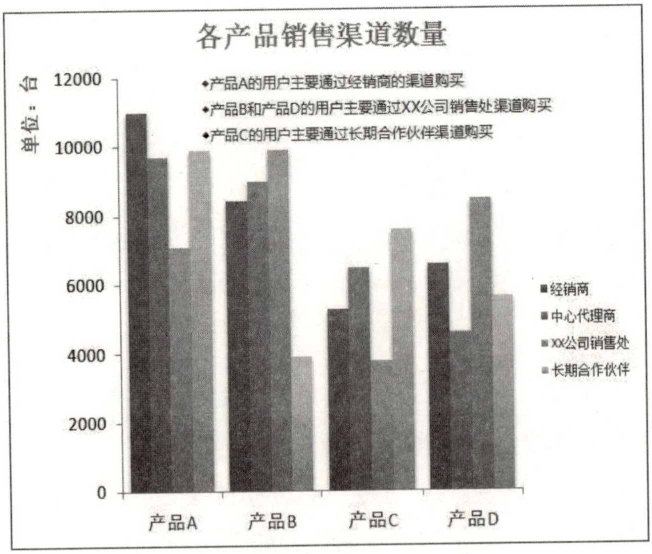

图7-24

明确各渠道的销售量还不够，下一步要做的是要将各销售渠道的销售额反映出来，每种渠道的销售额占总比重的百分之几，从而知道哪种渠道带来的收益最大。接下来用饼图表示各种销售渠道的销售额情况，展示各种销售渠道销售额占全年销售额的百分比，如图7-25所示。

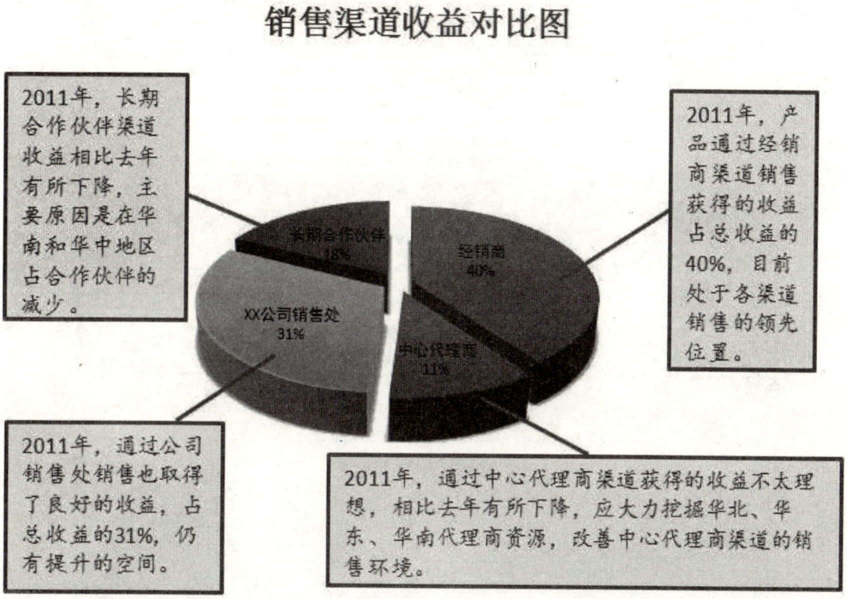

图7-25

下面进入数据分析的最后一个项目——企业竞争力评价，在分析企业竞争力时，不仅仅是简单地表述一下企业的实力，而需要从产品竞争、渠道竞争、服务竞争、品牌竞争等多方面进行分析。首先，要明确市场产上有多家竞争对手，他们的市场份额与企业实力如何，这是数据分析师在进行数据分析前需要调查了解的。因此掌握各竞争对手市场情况的第一手资料对分析至关重要。

下面从产品竞争力入手来分析，用图表形式分别对竞争企业产品的研发水平、产品产量、产品附加值加以评分，产品竞争力等于各项指标分数之和，如图7-26所示。

下面是渠道竞争力和服务竞争力的分析，用同样的方法将分析结果展示出来，如图7-27和图7-28所示。

产品竞争力评价

主要企业	评价指标（各10分）			产品竞争力总分
	研发水平	产品质量	产品附加值	
XX公司	9.6	9.6	9.6	28.8
公司A	9.3	9	9.1	27.4
公司B	9.1	8.7	8.4	26.2
公司C	9	8.7	8.3	26

图7-26

渠道竞争力评价

主要企业	评价指标（各10分）			渠道竞争力总分
	渠道策略的针对性	渠道结构的合理性	对渠道的控制能力	
XX公司	9	9	9	27
公司A	9	9	8	26
公司B	8	9	9	26
公司C	9	8	8	25

图7-27

服务竞争力评价

主要企业	评价指标（各10分）			服务竞争力总分
	服务多样性	咨询服务详细性	服务反馈及时性	
XX公司	9	9	9	27
公司A	8	9	9	26
公司B	8	9	9	26
公司C	9	8	8	25

图7-28

最后，看一下公司的品牌竞争力，主要分析消费者对品牌的认知度、忠诚度以及对品牌的好感度，如图7-29所示。

品牌竞争力评价

主要企业	评价指标（各10分）			品牌竞争力总分
	消费者对品牌的认知度	消费者对品牌的忠诚度	消费者对品牌的好感度	
XX公司	8	9	9	26
公司A	8	8	9	25
公司B	9	7	7	23
公司C	8	8	7	23

图7-29

7.2.5 结论与建议

王哥：数据分析报告的正文部分已经讲完了，小强，你从中学到什么了呢？

小强：王哥讲得真够详细的，我觉得数据分析报告就是从严谨可靠的数据中寻找结论，一切让数据说话。王哥，为什么我觉得还缺少点什么呢？

王哥：呵呵，你的觉悟不低嘛，我的讲解还没结束呢。

小强：王哥就别卖关子了，赶快说来吧。

王哥：下面我要讲的是报告的结论与建议。

报告的结论是一份报告分析的结果，通常以文字来说明，对整篇报告起到综合和总结的作用，是报告的深化和提高；结论是从报告里抽象出来的本质的规律，与正文紧密相连；结论的语言应该严谨、准确、鲜明。

报告的建议是立足数据分析的结果针对公司面临的问题而提出的改进方法；建议主要关注在保持优势及改进劣势等方面；建议要密切联系公司的业务，提出切实可行的建议。

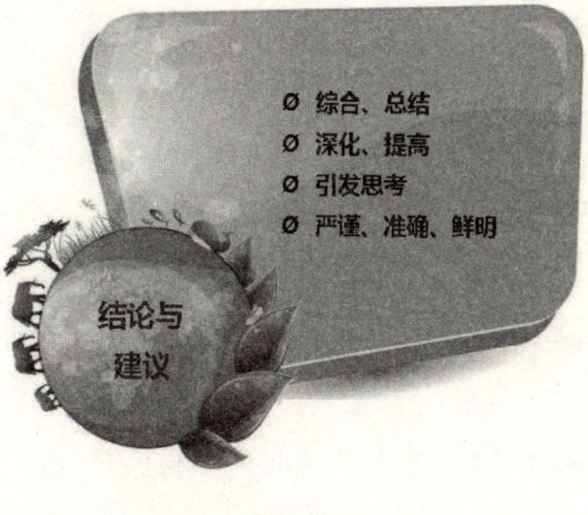

图7-30

对于上面的分析报告，我们将结论与建议如图7-31所示。

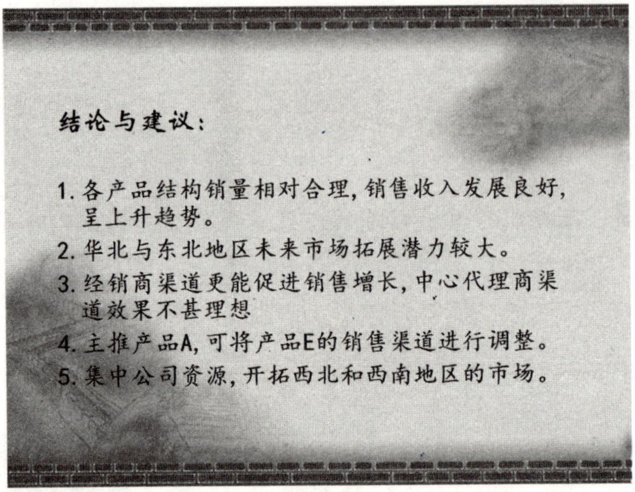

图7-31

7.2.6 附录

小强： 王哥真不愧为数据分析大师，现在我对数据分析又有了更多的认识了。

王哥： 呵呵，如果我这样一份数据分析报告给Boss，结果怎样？

小强： Boss一定会非常满意的。

王哥： 作为数据分析师，你的结论下得太早啦，未必哦！

小强： 难道还有什么要补充的？

王哥： 当然了，还有最后一部分，那就是报告的附录，可不要小看附录哦，它也是数据分析报告的重要组成部分呢。

一般来说，附录提供正文中涉及而未阐述的部分，主要包括以下几个方面：

- 在报告的正文汇总的统计表和统计数字列表及其详细计算。
- 收集资料所使用的问卷和采访者指导说明书。
- 为抽样调查而选定样本的有关细节。
- 有关会议记录、书籍、手册等。
- 其他有必要列入的参考资料。

每个内容都需要有编号，以备查询。附录不是每篇报告必须有的部分，数据分析师应该根据报告的具体情况决定是否要在报告的结尾添加附录。

7.3 撰写报告时的注意事项

王哥： 到现在为止，对数据分析报告的结构已经讲完了，当然一份数据报告做起来，是要花很多精力和脑力的，实际撰写时，也要注意很多方面，不能主观臆想。

小强： 需要在哪些方面加以重视呢？

王哥： 在撰写报告时，有以下几个问题需要特别注意：

- 结构合理，逻辑清晰

优秀的数据分析报告总是有合理的结构，每一部分的框架都非常明确、清晰，给人一目了然之感，分析思路逻辑严密，前后一致，各章节界限清晰，无混乱的现象，结构是否合理和逻辑是否清晰是决定报告的关键因素。

- 实事求是，反映真相

真实性是月份数据报告首先要具备的品格，分析数据要有确凿的调查依据，分析结论要实事求是，通篇报告不允许有虚假和伪造的数据存在，一切凭数据说话，不许有自己的主观意见。

- 用词准确，避免含糊

在语言表述上，要准确无误，恰如其分地反映客观情况，尽量用数据表达，避免使用“大约”“估计”等模糊字眼，含糊的表达不利于决策者的判断。

- 篇幅适宜，简洁有效

一份分析报告的价值，不在于是否长篇大论，而在于内容的丰富，篇幅简洁有效往往能起到很好的效果，每一次分析都层层深入，点到实处，即使是很短的报告，也能为决策者提供所需要的信息，其价值一样不会磨灭。

- 结合业务，分析合理

分析数据不是看图说话，数据来源必须结合具体的业务，对数据的分析也必须联系实际，处处为提升业务服务，如果抛开业务不管，一味地纸上谈兵，这样的分析是没有任何意义的。因此在作分析时，可请业务部门的同事一起讨论分析，以得出正确的结论和建议。

7.4 左看看右瞅瞅，有什么地方需修改

王哥：小强，现在为止，关于数据报告的结构和注意事项都讲完了，你看看报告有什么地方需要修改吧。

小强：听了王哥的讲解，我对自己的报告有了新的想法，需要在结构上有所调整，我发现产量分析和销量分析有些混乱，界限不清。

王哥：嗯，这个问题我开始时就注意到了。

小强：王哥真是明察秋毫。

王哥： 一定要记住，不要急于将报告递给Boss，一份报告完成后，需要左看看右瞅瞅有什么地方需修改。总之，作为一名合格的数据分析师，不要轻易下结论，一定要等自己对分析的事物理解透彻了。

小强： 王哥的话我记住了，不能轻易下结论。

王哥： 结合我自身的学习经验，我还要告诉你要从哪些方面检查自己的报告，以及时发现不足加以修改。

- 通读报告，总体感知

当你将一份报告完成时，先自己看一遍，不妨将自己转变为读者的角色，不带任何主观色彩地进行阅读，看看是否能发现不合理因素。譬如结构是否混乱、逻辑是否鲜明，标题页是否遗漏信息等，这些是在宏观上对自己的报告加以检查。

- 核实数据，减小误差

宏观上把握自己的报告后，接下来需要在微观上进行检查，这一步主要是核实数据，将报告中的数据仔细与原材料上的数据进行一一对照，发现错误，立刻改正。这个过程需要集中注意力，不可走马观花，得过且过，数据报告是否科学严谨主要凭借的是数据，在检查数据时要不断减少误差，这样的出来的结论才是可靠的。

- 反复论证，避免盲目

报告中形成结论的文段，要重新论证一遍，避免论证不足，盲目地得出结论，论证必须紧密联系数据，层层深入。

- 检查图表，美化视觉

核实数据完毕后，接下来要看看自己的图表有没有可改进的地方。包括图标类型的选择是否合理，与图表相关的数据是否正确、图表颜色搭配是否协调，图表的美观给决策者带来视觉上的享受，如果图表做得很随意，各部分的比例不合理，大小不一，这样势必带来阅读上的阻碍。另外，图表的美观也是工作态度的体现，也是对决策者的尊重。

7.5 Boss看到报告怎么说

小强从王哥那儿取经回来后，又花了两天的时间，将自己的报告修改了一遍，这回他觉得Boss应该会满意了，这天早上，小强没有再麻烦王哥，将报告递给了Boss。

小强： Boss，这是上次您吩咐我做的市场调研报告，请过目。

Boss接过报告，小强注意他的脸色变化，生怕有不让Boss满意的地方。约十分钟后，Boss基本上看完了小强的报告，露出满意的表情，小强见状，终于落下了心中的石头。

Boss： 小强，你进步挺快，这么短的时间做成这样一份报告，看来你下了不少功夫。

小强： 这些都是王哥的功劳，没有他的指点，我几乎连菜鸟都不是。

Boss： 做好数据分析是很难的，你对自己的报告满意吗?

小强： 我想我已经尽力了，这方面请教王哥不少。如果有分析不好的地方，还请指正。

Boss： 确实，小强，你的报告已经让我满意了，可是，你要记住，没有完美的报告，任何报告都有他的缺点和优点，再完美的报告都有完善的余地。作为数据分析师，应当是在不断超越自身的努力中前进的。

小强： Boss讲得对，否定自己才会取得进步嘛，还请Boss指出报告中仍可完善的地方。

Boss： 嗯，我指出一两点，你听好了。

你这里面有个销量预测的数据表分析（如图7-32所示）。在报告中做这样的预测是很好的，但你做的这项预测很笼统，完全可以再作更细致的分析。你这里列出了2012～2015年的销量，但我公司同一产品的不同种类很多，你可以将它们今后几年的销量逐个做一个预测。如A产品2012～2015年销量走势，这样我们在业务方面能更好地把握重点，协调各产品的生产计划，如果只是做个总预测，显然不能起到很好的效果。

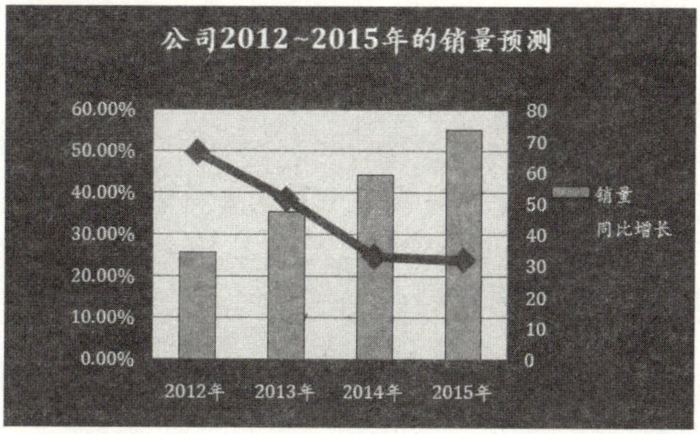

图7-32

小强： Boss的建议小强记住了，下次分析类似的数据时一定会改正，那还有什么地方需要完善的吗？

Boss： 嗯，还有一点，你的报告中有个销售渠道影响因素对比图，这个图做得很好，各因素之间的影响力度一目了然（如图7-33所示）。

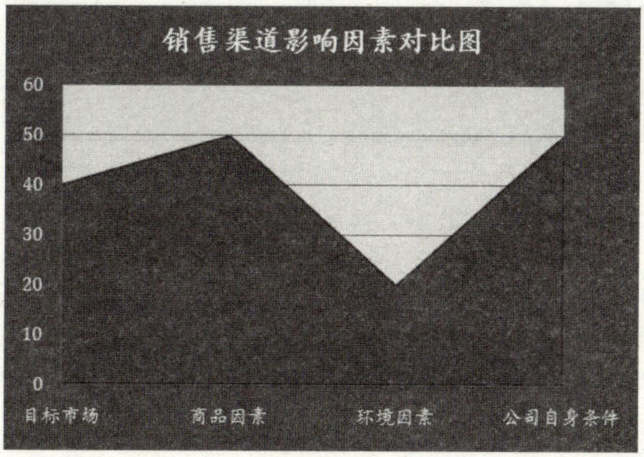

图7-33

最好是再列个图表数据，每个因素中包含哪些利弊环节，如商品因素对销售渠道的影响包含哪些子因素，环境因素包含哪些子因素等，用一个图表反映出来，让人不仅能发现各因素之间的对比力度，还能发现各因素内部的影响差异，这样我们在进行渠道规划时更有针对性，使渠道规划更加合理。

小强：是的啊，我当初怎么没想到呢！

Boss：这就是你应该学习的地方，要想把数据分析做好，不仅要得到大量真实可靠的数据，在分析过程中也要异常仔细。

小强：我要学的还很多呢

Boss：小强，你干得不错，下次在注意这几个方面，以后还会进步的。

小强：Boss，看我下次的吧，还要向你学习呢！

Boss：嗯，以后数据分析报告可以交给你了。

7.6 总结

小强在公司工作了半年后，对数据分析有了越来越全面的认识，现在他基本上可以独立完成任务了，Boss对他也越来越满意。最令小强欣慰的是，Boss准备让他担任数据分析员工培训讲师的职务，对新进公司的员工讲授数据分析知识，这不仅是对小强工作的肯定，也是以他的学习心得去激励新入

职的菜鸟们。小强要为接下来的讲课做准备，这对他来说是一次知识的回顾，要将数据分析知识重新梳理一遍，小强发现，作为菜鸟，只需七步就能完成数据分析。经过一夜的思索后，小强将自己的总结与反思写了出来（如图7-34所示）。

- 明确分析意图

在接受任务时，要明白分析的对象是什么？为什么要进行分析，做好这次分析有何重要意义，这些都可以从Boss那里得到答案。因此再做分析报告时，仔细听清Boss目的至关重要。我们在明确分析意图时，要贴近公司的业务实际，所有的数据分析意图最终必须为公司的业务服务。

图7-34

- 做好分析准备

最好数据分析的意图后，接下来就要对分析对象进行研究了。对象有何特点，在不同地域有没有相同的表现等，可以用哪些数据收集方法，哪种方法最有效最方便，能不能通过网络途径收集数据，这些都是在分析前要准备的。准备做得充分，可以提高数据收集的效率，节省时间。

- 科学严密分析

当我们得到一组数据时，数据分析便真正开始了，这些数据要从何入手？怎样整理数据？怎样进行合并与分割？这些都是做到科学严谨分析数据必须面对的问题，合理选取数据分析方法十分重要，各种分析方法适用于什么样的数据要做到心中有数，用Excel进行分析时哪些步骤最关键，在关键步骤时要严密细心，将分析误差最小化。

- 合理修饰图表

最后不要忘了将你的图表美观一下。怎样对自己的表格进行装扮，怎样在使自己的表格秀出重点的同时又具有个性，图表在布局上有没有可改进的地方，在颜色的使用上是不是很协调，合理修饰自己的图表的同时，也要注意图表有时也会说假话，因此在装扮图表时切忌喧宾夺主。